# 基礎・応用・臨床
# 微生物学と実験

谷口亜樹子・岩田　建 編著

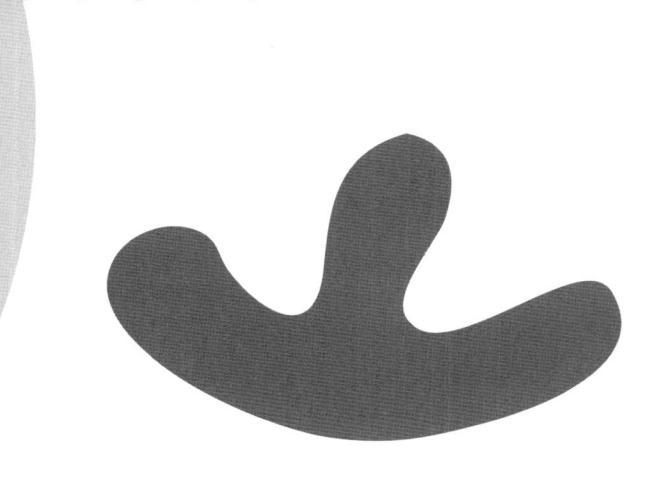

光生館

## 編　者

谷口亜樹子

岩田　　建

## 執　筆　者（執筆順）　　　　　　　　　　　執筆分担

| | | |
|---|---|---|
| 岩田　　建（いわた けん） | 鎌倉女子大学准教授 | 第1章，第3章，第9章 |
| 鈴木　　彰（すずき あきら） | 東京都市大学特任教授・<br>千葉大学名誉教授 | 第2章，第11章 |
| 髙尾　哲也（たかお てつや） | 昭和女子大学教授 | 第4章，第7章，第10章 1.2 |
| 谷口亜樹子（たにぐち あきこ） | 東京農業大学教授 | 第5章，第12章 |
| 鈴木　洋一（すずき よういち） | 相模女子大学短期大学部教授 | 第6章 |
| 金井美惠子（かない みえこ） | 相模女子大学短期大学部教授 | 第8章 |
| 不破眞佐子（ふわ まさこ） | 昭和女子大学専任講師 | 第10章 3.4 |

# はじめに

　微生物は肉眼では見えませんが，顕微鏡などによって観察できる小さな生物を指します。近年，バイオテクノロジーの発展により，微生物の利用は食品，医薬品，化学工業等の各種の産業分野で応用されており，社会的にも関心と興味がもたれています。

　本書は，基礎から応用微生物学，さらに臨床微生物学について解説しました。教養課程から食品学，栄養学，生物工学などの専門課程を学ぶ幅広い分野の学生を対象として，教科書に利用してほしいという思いから出版に至りました。本書から微生物の発見，種類，性質，さらに食品にかかわる発酵，腐敗，食中毒について，また，病原微生物とその制御，産業への利用技術など，微生物にかかわるさまざまな視点から興味をもって学んでほしいと思います。また，微生物を理解するうえで必要な実験についても学べるように，基礎実験を記載し，知識を広めるとともに技術も身につけてほしいと考えました。

　本書を利用し，次に掲げることを学修の目的としました。
1. 微生物の種類を正しく理解し，微生物の特性を知ることができる。
2. 私たちの生活と微生物とのかかわりを知り，生物機能の多様性を考えることができる。
3. 微生物の産業への利用について学び，さらに新規利用について考える応用力をつける。
4. 病原微生物を知り，感染症を理解する。
5. 基礎実験の技術を理解し，身につける。

　以上の目的で，執筆者は現場で講義をもつ方々で本書をまとめましたが，複数の執筆者により，不統一や不十分な点が多々あるかと思います。今後は，より良い内容の教科書にしたいと考えておりますので，ご意見など遠慮なく，お寄せください。

　本書の出版にあたり，光生館の編集部の皆様に多大なるご尽力をいただき，心から感謝申し上げます。

　　2014年3月

谷口　亜樹子  
岩田　　建

# 目次

## 第I部 各論

### 第1章 微生物の発見

1 微生物とは ……………………………………………………… 2
2 微生物の発見 …………………………………………………… 2
  2-1 ▶ 微生物の発見 …………………………………………… 2
  2-2 ▶ 食品が腐敗する原因 …………………………………… 3
  2-3 ▶ 微生物の単離 …………………………………………… 3
3 病原菌の発見 …………………………………………………… 4
4 ワクチン・血清の開発 ………………………………………… 5
5 化学療法の発見 ………………………………………………… 5
  5-1 ▶ 抗生物質 ………………………………………………… 5
  5-2 ▶ 合成抗菌薬 ……………………………………………… 6
  コラム　sp. と spp. ／サルファ剤 ……………………………… 7

### 第2章 微生物の種類と性質

1 微生物の進化 …………………………………………………… 8
2 微生物の分類 …………………………………………………… 9
  2-1 ▶ 原核生物（prokaryotes） ……………………………… 9
  2-2 ▶ 真核生物（eukaryotes） ……………………………… 14
  2-3 ▶ 地衣類（lichens） ……………………………………… 22
  2-4 ▶ ウイルス（virus） ……………………………………… 23
  2-5 ▶ ウイロイド（ビロイド，バイロイド：viroid） ……… 25
  コラム　L型菌 …………………………………………………… 25

### 第3章 微生物の代謝と増殖

1 微生物の代謝 …………………………………………………… 26
  1-1 ▶ エネルギーとしてのATP ……………………………… 26
  1-2 ▶ エネルギー産生 ………………………………………… 26
2 微生物の生育因子 ……………………………………………… 30
  2-1 ▶ 酵　素 …………………………………………………… 30
  2-2 ▶ 温　度 …………………………………………………… 30

　　　　2-3 ▶ pH ……………………………………………………………… 31
　　　　2-4 ▶ 水分活性 ……………………………………………………… 31
　　　　2-5 ▶ 塩濃度 ………………………………………………………… 33
　　3　微生物の生育曲線 …………………………………………………… 34
　　　　3-1 ▶ 世代時間 ……………………………………………………… 34
　　　　3-2 ▶ 増殖曲線 ……………………………………………………… 34
　　4　真菌の増殖 …………………………………………………………… 35
　　　　4-1 ▶ 酵母の生活環 ………………………………………………… 35
　　　　4-2 ▶ かびの生活環 ………………………………………………… 35

## 第4章　食品と微生物

　　1　食品の変質と腐敗 …………………………………………………… 36
　　　　1-1 ▶ 腐敗にかかわる微生物と食品 ……………………………… 36
　　　　1-2 ▶ 腐　敗 ………………………………………………………… 37
　　2　食品の保存方法 ……………………………………………………… 39
　　　　2-1 ▶ 水分活性を低下させる保存 ………………………………… 39
　　　　2-2 ▶ 水分活性の低下と浸透圧の上昇による保存 ……………… 39
　　　　2-3 ▶ pHの低下による保存 ……………………………………… 40
　　　　2-4 ▶ 低温による保存 ……………………………………………… 40
　　　　2-5 ▶ 燻　煙 ………………………………………………………… 42
　　　　2-6 ▶ 殺菌・滅菌・除菌 …………………………………………… 42
　　　　2-7 ▶ 添加物 ………………………………………………………… 43
　　3　コールドチェーンと食品流通 ……………………………………… 44
　　**コラム**　紅茶／魚しょうゆ／なれずし …………………………………… 45

## 第5章　発酵食品

　　1　酒類（アルコール飲料） …………………………………………… 46
　　　　1-1 ▶ 醸造酒 ………………………………………………………… 47
　　　　1-2 ▶ 蒸留酒 ………………………………………………………… 50
　　　　1-3 ▶ 混成酒 ………………………………………………………… 51
　　2　大豆発酵食品 ………………………………………………………… 51
　　　　2-1 ▶ み　そ ………………………………………………………… 51
　　　　2-2 ▶ しょうゆ ……………………………………………………… 53
　　　　2-3 ▶ 納　豆 ………………………………………………………… 54

3　乳製品 …………………………………………………………………… 55
　　　　3-1▶チーズ ……………………………………………………………… 55
　　　　3-2▶ヨーグルト，乳酸飲料 …………………………………………… 55
　　4　その他の発酵食品 ……………………………………………………… 56
　　　　4-1▶食　酢 ……………………………………………………………… 56
　　　　4-2▶漬　物 ……………………………………………………………… 57

## 第6章　微生物の食品産業への応用

　　1　アミノ酸 ………………………………………………………………… 58
　　　　1-1▶グルタミン酸の生産 ……………………………………………… 58
　　　　1-2▶リシンの生産 ……………………………………………………… 60
　　　　1-3▶アスパラギン酸，アラニンの生産 ……………………………… 60
　　　　1-4▶アミノアシラーゼによる DL-アミノ酸から
　　　　　　　L-アミノ酸の生産 ………………………………………………… 61
　　2　有機酸 …………………………………………………………………… 61
　　　　2-1▶酢　酸 ……………………………………………………………… 62
　　　　2-2▶乳　酸 ……………………………………………………………… 62
　　　　2-3▶クエン酸 …………………………………………………………… 63
　　　　2-4▶グルコン酸 ………………………………………………………… 63
　　3　甘味料 …………………………………………………………………… 64
　　4　酵　素 …………………………………………………………………… 65
　　　　4-1▶アミラーゼ ………………………………………………………… 66
　　　　4-2▶プロテアーゼ ……………………………………………………… 66
　　　　4-3▶グルコースイソメラーゼ ………………………………………… 67
　　　　4-4▶トレハロース生成酵素 …………………………………………… 67
　　5　その他 …………………………………………………………………… 67
　　　　5-1▶アルコール発酵 …………………………………………………… 67
　　　　5-2▶呈味性ヌクレオチド ……………………………………………… 68
　　　　コラム　コウジ酸（kojic acid）……………………………………… 69

## 第7章　身体と微生物

　　1　皮　膚 …………………………………………………………………… 70
　　　　1-1▶皮膚と微生物 ……………………………………………………… 70
　　　　1-2▶体臭と微生物 ……………………………………………………… 72
　　　　1-3▶痤瘡（ニキビ）と微生物 ………………………………………… 72

## 2 口　腔 ……… 73
## 3 消化管 ……… 73
### 3-1▶胃 ……… 73
### 3-2▶小　腸 ……… 73
### 3-3▶大　腸 ……… 73
## 4 腸内細菌叢が人に及ぼす影響 ……… 75
### 4-1▶食品成分と腸内細菌および生産物 ……… 75
### 4-2▶腸内細菌叢と外来微生物 ……… 76
### 4-3▶肥満と腸内細菌 ……… 76
## 5 プロバイオティクスとプレバイオティクス ……… 78
### 5-1▶プロバイオティクス ……… 78
### 5-2▶プレバイオティクス ……… 78

**コラム**　ヨーグルトのおいしい食べ方，利用法／
　　　　レジスタントスターチ（Resistant starch） ……… 79

# 第8章　感染症

## 1 感染症法による分類 ……… 80
### 1-1▶新興感染症と再興感染症 ……… 80
### 1-2▶感染症法（感染症の予防及び感染症の患者に対する医療に関する法律） ……… 82
## 2 学校感染症 ……… 83
## 3 感染の経路 ……… 86
### 3-1▶感染源 ……… 87
### 3-2▶感染経路 ……… 87
### 3-3▶感受性 ……… 88
## 4 主な感染症 ……… 91
### 4-1▶1類感染症 ……… 91
### 4-2▶2類感染症 ……… 91
### 4-3▶3類感染症 ……… 92
### 4-4▶4類感染症 ……… 93
### 4-5▶5類感染症 ……… 94
### 4-6▶新型感染症（インフルエンザ） ……… 95

## 第9章　食品の微生物被害

1. 細菌性食中毒 ………………………………………………………… 96
   - 1-1▶食中毒の概容………………………………………………… 96
   - 1-2▶代表的な食中毒原因菌……………………………………… 97
2. 真菌による食品被害 ………………………………………………… 104
3. 寄生虫症 ……………………………………………………………… 105
   - 3-1▶原虫類………………………………………………………… 105
   - 3-2▶蠕虫類………………………………………………………… 106
   - <u>コラム</u>　ワインの歴史／生食用の牛レバーの販売・提供禁止 ……… 109

## 第10章　安全な微生物の取り扱い方法

1. 殺菌・抗菌 …………………………………………………………… 110
   - 1-1▶殺菌・抗菌とは……………………………………………… 110
   - 1-2▶加熱殺菌……………………………………………………… 110
   - 1-3▶非加熱殺菌…………………………………………………… 114
   - 1-4▶除　菌………………………………………………………… 115
2. 殺菌剤・抗菌剤 ……………………………………………………… 116
3. HACCP ……………………………………………………………… 118
   - 3-1▶HACCPシステムの概念…………………………………… 118
   - 3-2▶一般的衛生管理プログラム………………………………… 119
   - 3-3▶HACCPの12手順7原則…………………………………… 121
4. 大量調理施設衛生管理マニュアル ………………………………… 122
   - <u>コラム</u>　火落菌／戦後最大の食中毒事件 ………………………… 125

## 第11章　微生物の遺伝

1. 核　酸 ………………………………………………………………… 126
2. DNAとRNAの構造およびDNAの複製 ………………………… 126
3. 遺伝情報の発現 ……………………………………………………… 128
   - 3-1▶転写と翻訳…………………………………………………… 128
   - 3-2▶たんぱく質の構造…………………………………………… 132
4. 突然変異（変異）…………………………………………………… 133
   - <u>コラム</u>　プリオン（prion）／スベドベリ単位（スヴェードベリ単位；
     S：Svedberg unit）…………………………………………………… 134

# 第Ⅱ部　実　験

## 第12章　微生物学実験の基本操作

- 1　微生物の取り扱い ……………………………………………………… 136
  - 1-1▶操作に関する注意 ……………………………………………… 136
  - 1-2▶滅菌，消毒 ……………………………………………………… 136
- 2　培地の調製 …………………………………………………………… 137
  - 2-1▶液体培地 ………………………………………………………… 137
  - 2-2▶固体培地 ………………………………………………………… 138
- 3　微生物の分離法 ……………………………………………………… 139
- 4　移植法 ………………………………………………………………… 140
  - 4-1▶微生物の移植法 ………………………………………………… 140
  - 4-2▶移植操作 ………………………………………………………… 141
- 5　微生物の培養および保存 …………………………………………… 141
  - 5-1▶微生物の培養 …………………………………………………… 141
  - 5-2▶菌株の保存 ……………………………………………………… 141
- 6　観　察 ………………………………………………………………… 142
  - 6-1▶肉眼観察 ………………………………………………………… 142
  - 6-2▶顕微鏡観察 ……………………………………………………… 142
- 7　菌体の計測 …………………………………………………………… 144
- 8　菌数の測定 …………………………………………………………… 144
  - 8-1▶総菌数の測定 …………………………………………………… 144
  - 8-2▶生菌数の測定 …………………………………………………… 146
- 9　細菌のグラム染色 …………………………………………………… 146
- 10　主な培地 ……………………………………………………………… 147
  - 10-1▶一般的培地 …………………………………………………… 147
  - 10-2▶デソキシコレート培地（大腸菌用培地）のつくり方 ……… 149
- **コラム**　根粒／菌根 ……………………………………………………… 150

付　録 ……………………………………………………………………… 151

索　引 ……………………………………………………………………… 153

# 第Ⅰ部

# 各 論

# 第 1 章

# 微生物の発見

## 1 微生物とは

　微生物とは，肉眼で一個体の形態が観察できない小さな生物のことをいう。かび，酵母，原生動物，粘菌，藻類，細菌，ウイルスなどが含まれる。細菌などの単細胞生物や，かびなどの多細胞生物があり，また，池などの藻類は肉眼では観察できないが，海藻類では，最長 50 m に達するものも存在する。このように，微生物とは，生物学的な分類上の呼称ではなく，大まかな総称になる。

## 2 微生物の発見

### 2-1 ▶微生物の発見

　英国王立協会（the Royal Society）のフック（R. Hooke）の著した『顕微鏡図譜（Micrographia, 1665）』に触発されたオランダのレーウェンフック（A. van Leeuwenhoek）は，当時，せいぜい 20 〜 30 倍だった顕微鏡のレンズを磨きあげて，200 倍程度まで拡大することができる顕微鏡を自作することに成功し，1676 年に，水中に単細胞生物がいることを王立協会に報告する。この発見は，フックにより確認され，広く知られるところとなった。これが，人類が微生物を確認した最初である。レーウェンフックは，さらに顕微鏡を用いた観察を続け，500 枚以上の記録図を残し，微生物にも誕生と死があることを報告した。

図 1-1　フック（1635-1703）

図 1-2　レーウェンフック（1632-1723）

## 2-2 ▶ 食品が腐敗する原因

レーウェンフックによる微生物の発見後，食品の腐敗なども微生物によるものであると考えられるようになったが，当時は，まだ微生物が自然に発生すると考えられていた時代である。1861年に，フランスのパスツール（L. Pasteur）が，「食品を密閉して加熱すれば腐敗しないのは，加熱により微生物が死滅したことで，新たな微生物が発生できなくなったためである」ことを証明した。

この成果を聞いたイギリスの外科医リスター（J. Lister）は，1867年に殺菌作用のある石炭酸溶液を噴霧する無菌外科手術法を考案し，外科手術での死亡率を50％から15％に激減させることに成功した。

## 2-3 ▶ 微生物の単離

さまざまな疫病に悩まされていた人びとにとって，病気がなぜ起こるのか，また，その病気を治療するための方法は何か，ということは早急に解明したい重要な課題であった。当時，発病の概念として，人が悪い気に触れることで正常さを失い病気となるミアズマ説（miasma；瘴気説）や，病気を所有する人に接触することで病気が伝搬するコンタギオン説（contagion；接触伝染説）などが唱えられていたが，微生物の発見などにより，この正体として微生物が疑われるようになっていた。

微生物を研究するための手段として，1850年代，パスツールにより，酵母を用いて微生物の継代培養法[*1]が確立された。そして1876年，リスターにより乳酸菌の単離で限界希釈法[*2]が，さらに1882年，ドイツのコッホ（H. H. R. Koch）により，結核菌を単離するために寒天固形培地による平板培養法[*3]が開発された。この頃，ペトリ（J. R. Petri）により，ペトリ皿（Petri dish，シャーレ；Schale）が発明されている。このような開発により，微生物の単離技術が確立したと考えられる。

図1-3　パスツール（1822-1895）

図1-4　リスター（1827-1912）

図1-5　コッホ（1843-1910）

---

[*1] 培養液中で微生物を培養し，微生物が増えると，その培養液の一部を新しい培養液に移して再び培養し，これを繰り返す方法。

[*2] 細菌が含まれる培養液を1匹以下しか含まれないと考えられるまで徹底的に希釈し，そこから純粋培養して特定の微生物のみを単離する方法。

[*3] 培地が固形なので微生物が容易に移動できず，特定の微生物のコロニー（群体，集落）が形成される。

これらの技術を背景に，1884年，コッホらにより，病原菌を特定するための条件が提唱された。これが，コッホの条件（Koch's postulates；コッホの法則，コッホの原則）で，当時，病気の治療法を開発するためには不可欠な方法であった（表1-1）。これ以後，急速に病原体の解明が進み，20世紀後半に至り，この方法で特定できる病原菌はほぼすべて特定できたのではないかと考えられる。

表1-1 コッホの条件

1. ある一定の病気には，一定の微生物が見出される。
2. その微生物を分離できる。
3. 分離した微生物を感受性のある動物に感染させて同じ病気を起こせる。
4. その病巣部から同じ微生物が分離される。

## 3 病原菌の発見

1870年以降，発見された主な病原菌と発見者を表1-2にまとめた。

表1-2 19世紀末に発見された主な病原菌

| 発見年 | 発見者 | 病原菌名 | 引き起こされる疾病 |
|---|---|---|---|
| 1873 | ハンセン（G. H. A. Hansen） | らい菌（*Mycobacterium leprae*） | ハンセン氏病 |
| 1876 | コッホ（H. H. R. Koch） | 炭疽菌（*Bacillus anthracis*） | 炭疽症 |
| 1878 | コッホ | 黄色ブドウ球菌（*Staphylococcus aureus*）[1] | 食中毒症状 |
| 1879 | ナイセル（A. L. S. Neisser） | 淋菌（*Neisseria gonorrhoeae*） | 淋菌感染症 |
| 1880 | ラブラン（C. L. A. Laveran） | マラリア原虫（*Plasmodium* spp.） | マラリア |
| 1882 | コッホ | 結核菌（*Mycobacterium tuberculosis*） | 結核 |
| 1883 | コッホ | コレラ菌（*Vibrio cholerae*）[2] | コレラ |
| 1883 | クレブス（T. A. E. Klebs） | ジフテリア菌（*Corynebacterium diphtheriae*） | ジフテリア |
| 1884 | ニコライヤー（A. Nicolaier） | 破傷風菌（*Clostridium tetani*）[3] | 破傷風 |
| 1886 | エシェリヒ（T. Escherich） | 大腸菌（*Escherichia coli*） | |
| 1894 | イェルサン（A. E. J. Yersin） | ペスト菌（*Yersinia pestis*） | ペスト |
| 1898 | 志賀（K. Shiga） | 赤痢菌（*Shigella dysenteriae*） | 細菌性赤痢 |
| 1895 | エルメンゲン（É. P. van Ermengem） | ボツリヌス菌（*Clostridium botulinum*） | ボツリヌス食中毒症 |

[1] 黄色ブドウ球菌は，1878年にコッホが発見し，1880年にパスツールが培養に成功した。この菌が産生するエンテロトキシンは，1930年に米国シカゴ大学のG. M. Dackらにより発見されている。
[2] コレラ菌は，1854年に，イタリア医師パチーニ（F. Pacini）により発見されていたが，当時は，コレラの病原体とは確認できなかった。30年後に，コッホにより原因菌であると結論されたが，再評価されたパチーニの業績より*Vibrio cholerae*と命名された。
[3] 破傷風菌は1884年にニコライヤーにより発見され，1889年に北里が純粋培養に成功した。

## 4　ワクチン・血清の開発

　イギリスの医師ジェンナー（E. Jenner）が，1798年に天然痘に対する予防策として，天然痘よりも症状の軽い牛痘感染者の水疱内液を健常人に接種する種痘法を発表し，多くの人を天然痘による恐怖から救った。その後，パスツールは，病原菌や感染した組織などを加熱したり，化学的に処理することで病原性を弱めることができることを発見した。これにより，パスツールは，1879年にニワトリコレラワクチン，1881年に炭疽菌ワクチン，1885年に狂犬病ワクチンなどの開発に成功する。現在では20種類以上のワクチンが開発され，感染症から多くの人びとを守っている。

　弱毒化した病原菌を人体に接種し，自身の体内で免疫抗体を生産させるのがワクチンであるが，一方，抗体を含む他者の血清（血液の上澄み成分）を投与し，この抗体で体内の病原菌を無毒化するのが血清療法である。

　最初の血清療法は，1890年に北里が破傷風菌をウサギに投与し，ウサギの血中で生産された抗体をほかのウサギに投与することで破傷風を予防したものである。この方法は，ベーリング（E. A. von Behring）らにより，すぐさま猛威をふるっていたジフテリアなどの感染症の治療に応用され，多くの人命を救った。

## 5　化学療法の発見

### 5-1 ▶抗生物質

　イギリスの医師フレミング（A. Fleming）は，1921年に粘液中に含まれる殺菌成分である酵素リゾチーム（Lysozyme，EC 3.2.1.17）を発見する。リゾチームは，真正細菌の細胞壁を構成する多糖類を加水分解する酵素で，ヒトの涙や鼻汁，母乳などに含まれている。現在では，卵白などから抽出されたリゾチームが食品や医薬品に使

図1-6　ジェンナー（1749-1823）　　図1-7　北里（1853-1931）　　図1-8　ベーリング（1854-1917）

用されている。そして，1929年には，アオカビ（*Penicillium* sp.）の培養液に抗菌物質が含まれていることを報告した。いわゆるペニシリン（図1-9）の発見である。このペニシリンは，1940年に，別の科学者たちによって効率的な生産方法や精製方法と，効果的な製剤が開発され，第二次大戦中の多くの兵士を感染症から救った。日本には，戦後の1946年にその製造技術が紹介され，1947年から国内生産が開始されて普及した。

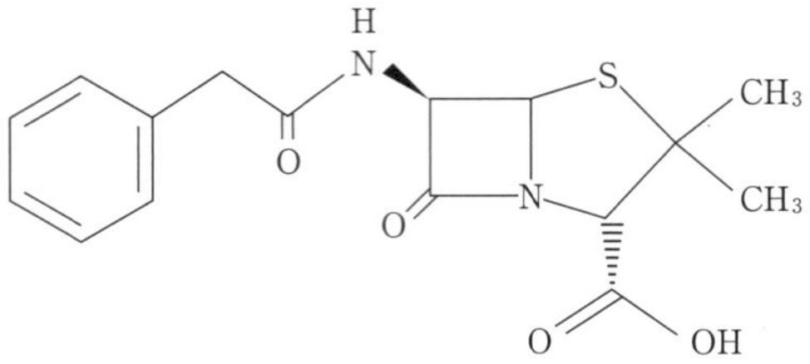

図1-9　ペニシリンの化学構造

また，土壌微生物の産生する有機化合物を研究していたワクスマン（S. A. Waksman）らは，1943年に，ストレプトマイシンやネオマイシンなどの抗生物質（微生物の産生する抗菌物質の総称）を発見する。特に，ストレプトマイシンは，1946年にペニシリンでは効果のなかった結核菌に対する臨床効果が報告され，結核の特効薬となった。日本では1950年に国内生産が開始され，多くの人命が救われた。

## 5-2 ▶合成抗菌薬

細菌の化学療法に利用できる薬剤の開発を行っていたドイツのドーマク（G. Domagk）は，1932年，赤色アゾ染料の一種であるプロントジル（図1-10）が，レンサ球菌（*Streptococcus* sp.）に対して効果的であることを発見した。そして，1935年，ヒトへの投与量などが確認され，世界初のサルファ剤系合成抗菌薬として発表された。化学合成で容易に大量に生産できる抗菌薬である。これを機に，数千種に及ぶサルファ剤が開発され，微生物による感染症対する強力な武器となった。

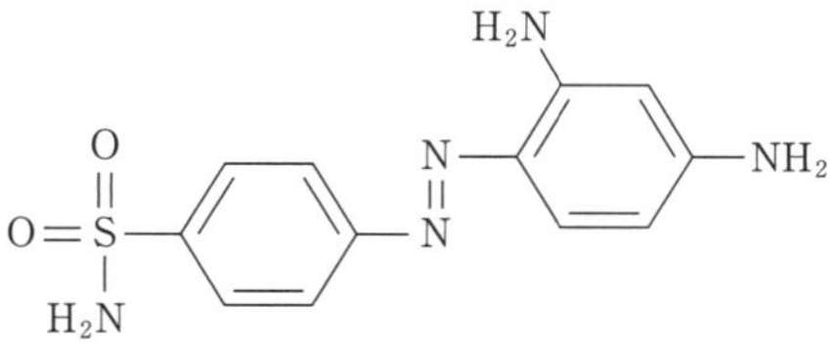

図1-10　プロントジルの化学構造

### コラム　sp. と spp.

　菌の名称で，sp. や spp. の略号がある。菌名の表記は，属（genus）と種（species）を並べて表記することが多いが，種が不明な場合などで，略号 sp. を用いることがある。本来 species は単複同型であるが，生物学では，明らかに複数の種をいいたい場合，略号として spp. を用いる。一般名称として種が不明などの場合は sp. になるが，2つ以上の種が存在し，それをいいたい場合は spp. を用いる。レジオネラ（*Legionella*）を例にしたとき，水中にレジオネラ属の菌を発見した場合は，*Legionella* sp. を発見したことになるし，2種類以上の性質が異なるレジオネラ属の菌種が生育している場合には，*Legionella* spp. が生育していることになる。

（岩田健）

### コラム　サルファ剤

　サルファ剤は間違いなく20世紀の代表的な薬の一つにあげられるだろう。ドイツにある世界的に有名な製薬会社（当時は染料会社と合併し，その医薬品開発部門だった）で抗菌作用を有する化合物の研究を行っていたドーマク（G. Domagk, 1895-1964）らのチームは，膨大な数の化合物を合成してはスクリーニングにかけ，1931年に，四級アンモニウム塩が皮膚の消毒に効果的であることを発見した。この発見はさらに研究され，現在でも，塩化ベンザルコニウムを代表とする消毒薬として広く利用されている。

　さらに，内服による，より効果的な抗菌剤の開発をめざしたドーマクは，染料に目をつけて実験を繰り返し，ついに赤色染料のサルファ化合物が強い抗菌活性を有することを発見する。1935年にプロントジルの名で発売されたこの化合物は，重度の球菌感染症だけでなく，髄膜炎，産褥熱（さんじょくねつ），肺炎などにも効果を示し多くの人命を救った。これは徹底したスクリーニングの勝利といえるかもしれない。このサルファ剤の最初の被験者は，重度の連鎖球菌感染症にかかったドーマク自身の6歳の娘であり，この投与により，当時としては奇跡的に回復したと伝えられている。

（岩田健）

# 第2章

# 微生物の種類と性質

## 1 微生物の進化

　今までに知られている最古の生命の化石は，西オーストラリア・ピルバラ地域のノースポールのエイペクス・チャート堆積岩から発見された現在のシアノバクテリア（シアノ細菌，藍藻）によく似た生物の微化石である。約35億年前と推定されている。この微化石は群体（コロニー；colony）を形成しているものであったこと，また，グリーンランドの約38億年前の岩石から生物の存在を示す化学的痕跡が発見されたこと，さらに熱水生物群集が深海底の噴気孔周辺で発見されたことなどから，最初の生命は，化学進化ののち，約40億年前，海の熱水中で誕生したという説が現在では有力である。

　この最初の生命は，現在のマイコプラズマ（本章 p.13 参照）のように細胞壁をもたず細胞膜がむきだしで増殖が可能な単細胞の生物であったと考えられているが，その証拠となる微化石はいまだ発見されていない。その後，ゆっくりと原始生命体は進化し，27億年前頃にシアノバクテリアが大繁茂したといわれている。その光合成能力によって大気中の酸素ガス濃度が上昇し，地球外からくる生物の生存に有害な紫外線（UV）に対する大気の遮蔽効果が増し，生物のその後の陸地への侵出を可能にしたと考えられている。このシアノバクテリアの出現までのどこかの段階で，現在の細菌につながる細胞壁をもつ始原細菌が出現したものと考えられる。

　原始的な細菌の一部は，約19億年前までに細胞内共生によって真核細胞を形成し，原生動物，各種の藻類，原生動物・藻類に寄生する菌類およびその他の単細胞性の真核生物が出現したと考えられている。これらの微生物は，Caの沈着を起こしたものを除いて分解されやすく，その証拠となる微化石はごくわずかしか発見されていない。いずれにせよ，この地球上の生命は微生物の進化によって多様化し，少なくとも10億年前頃からしだいに多様な多細胞性の真核生物の出現が可能になったものと考えられている。真核生物である真菌類や偽菌類（本章 p.14 参照）は先カンブリア期の一次生産者の増大期に浅海で，糸状菌類はカンブリア期の初期に汽水域で発生したものと考えられている。

# 2 微生物の分類

## 2-1 ▶原核生物 (prokaryotes)

　原核生物とは，原核細胞をもつ生物を指す言葉で，真核生物との対比によって定義された学術用語である。人間は常に自分中心に物事を見ようとする癖があり，ヒトと同様な細胞をもつ生物を真核生物（eukaryotes），その構成細胞を真核細胞と称した。一方，細胞構造が簡単で，真核細胞と異なり，核膜のない核をもつ細胞を，また，地球の歴史のより古い時代から存在したと想定される細胞構造をもつ生物の細胞との意味で，原核細胞と称した。原核細胞は，核膜のみならず，真核細胞がもつ細胞内の独立した膜状構造体［ミトコンドリア，葉緑体（植物などに限る），リソソーム，ゴルジ体，液胞（動物では小胞）など］や小胞体ももっていない。原核生物は原則として一つの原核細胞からなるが，なかには群体を形成するものまで知られている（表2-1）。

　真正細菌とは，1977年，ウーズ（C. R. Woese）によって，古細菌（本章 p.13 参照）と区別するために従来の細菌に対して与えられた呼称である。その後の1990年，ウーズらは生物の分類における最上位の階級として，ドメインという概念に基づき3ドメイン説（真正細菌，古細菌，真核生物）を提唱した。この説は，現在では多くの研究者によって支持されている。なお，本書では，便宜的に従来の原核生物と真核生物という範疇分けで解説を試みた。

表2-1　原核細胞と真核細胞の主な相違点

|  | 原核細胞 | 真核細胞 |
|---|---|---|
| 核　膜 | − | ＋ |
| 核小体 | − | ＋ |
| 有糸分裂 | − | ＋ |
| 小胞体 | − | ＋ |
| ミトコンドリア | − | ＋ |
| ゴルジ体 | − | ＋ |
| リボソーム | 70 S | 80 S（細胞質），70 S（ミトコンドリアと葉緑体） |
| 細胞の大きさ[1] | 1〜5 μm 程度 | 10〜100 μm 程度 |

1）平均的なもので記述（詳細は付録1参照）

## ❶ 真正細菌 (eubacteria)

　微生物の発見は，1674年，レーウェンフック（A. van Leeuwenhoek）の光学顕微鏡による細菌の発見に始まる。このとき観察された細菌は，現在でいう真正細菌である。
　コッホ（H. H. R. Koch）は微生物の近代的培養方法を確立し，その手法を用いて

炭疽症が細菌（現，真正細菌）により引き起こされていることを証明した。彼の確立した微生物の培養法は，バクテリアフリー（無細菌）状態の作出を目的とするものであった。培養に伴う無菌操作法の確立は，その後のウイルスフリー（無ウイルス）状態の作出への道を開くものでもあった。現在でも，ウイルスとウイロイド（本章pp.23-25参照）を除くすべての微生物や多細胞真核生物の細胞・組織・器官の培養は，生物種や細胞・組織・器官によって培地成分が異なるものの，基本的な操作法が同一であり，コッホの生物学の発展に対する寄与は大きいといえよう。

真正細菌は，1884年，グラム（H. C. J. Gram）が開発した二重染色法によって最初に処理した色素で染まる**グラム陽性菌**と，後続の色素でも染まる**グラム陰性菌**に大別される。同染色した細菌を顕微鏡で観察すると，前者は紫色，後者は赤色にみえる。当初，単なる識別のための手法と考えられていたグラム染色は，その後の研究で細菌の細胞壁の特性を反映した重要な分類形質であることが判明し，現在も細菌の分類の基礎的形質として使用され続けている。グラム陽性菌の細胞壁は厚い（10～100 nm）ペプチドグリカン層からなる。一方，グラム陰性菌の細胞壁は薄い（2 nm程度）ペプチドグリカン層の外側に約8 nmのリポ多糖からなる外膜をもつ（付録2）。

細菌の祖先が地球にあらわれた頃は，地球大気は還元型であり，嫌気的環境であったと考えられている。その後，32億年前と推定されているシアノバクテリアの出現により地球大気の酸素ガス濃度がしだいに上昇し，3億年前頃には酸素ガス濃度は現在の地球のそれに近いものあるいはそれ以上になったと考えられている。この酸素ガ

表2-2 微生物の酸素ガスへの適応

| 生物名 | 生理特性 | 酵素 | |
| --- | --- | --- | --- |
| | | カタラーゼ[1] | スーパーオキシドジスムターゼ[1] |
| 原核生物 | | | |
| アセトン菌（*Clostridium acetobutylicum*） | 偏性嫌気性 | − | − |
| ブタノール菌（*Clostridium butyricum*） | 偏性嫌気性 | − | − |
| *Clostridium pasteurianum* | 偏性嫌気性 | − | − |
| *Eubacterium limosum* | 耐気性嫌気性 | − | ＋ |
| 乳酸連鎖球菌（*Streptococcus lactis*） | 耐気性嫌気性 | − | ＋ |
| 糞便連鎖球菌（*Streptococcus faecalis*） | 耐気性嫌気性 | − | ＋ |
| 大腸菌（*Escherichia coli*） | 通性嫌気性 | ＋ | ＋ |
| *Deinococcus radiodurans* | 通性嫌気性 | ＋ | ＋ |
| *Anabaena cylindrica* | 好気性 | ＋ | ＋ |
| *Aphanocapsa thermalis* | 好気性 | ＋ | ＋ |
| 真核生物 | | | |
| 真菌類 | 好気性 | ＋ | ＋ |

1) カタラーゼは過酸化水素を分解し酸素と水に変える酵素であり，スーパーオキシドジスムターゼはスーパーオキシドアニオン（・$O_2^-$）から電子を取り除き酸素と水素分子にする酵素である。これらの酵素をもつ微生物は酸素を利用してエネルギーを獲得する能力をもつ。
出典：中村運『微生物からみた生物進化学』培風館，1983，p.122より著者改変

ス濃度の上昇に伴い，次第に高い酸素濃度にも耐えられる細菌種が増えてきたと思われる。このため，現在の真正細菌の多くは好気性であり，次第に酸素ガスの強い酸化力に対抗する生理機能を獲得してきたものと考えられている（表2-2）。真核生物に属する微生物は，19億年前頃，大気中の酸素ガス濃度がある程度高くなってから出現してきたと考えられ，ごくわずかの例外的な種を除き好気性である。このため，細菌以外の生物ではあえて好気性と嫌気性の区別を明記しない表現が一般的である。

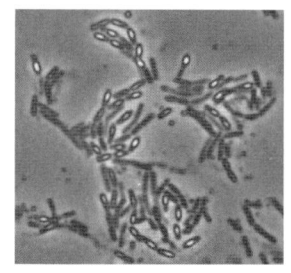

図2-1　枯草菌（*Bacillus subtilis*）

納豆菌（*Bacillus subtilis* var. *natto*）は枯草菌の変種。GYP（グルコース20 g，酵母エキス10 g，ポリペプトン5 g，蒸留水1000 mL）で28℃，48時間培養後，撮影：細胞中心部にみられる構造は芽胞。
[写真提供：白坂憲章 博士（近畿大学農学部）]

　真正細菌の分類は，グラム染色，細胞の外形（球形の球菌，楕円体の桿菌，らせん状のスピロヘータ，糸状の放線菌など），鞭毛（べんもう）の特徴（本数や付着位置），群体形成の有無などの形態的特徴に加えて，前記の嫌気性と好気性を含めたさまざまな生理特性

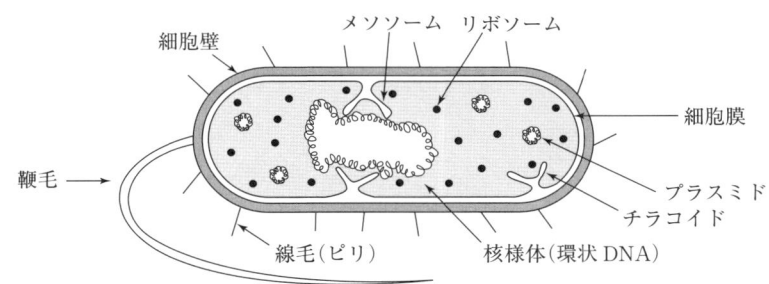

図2-2　原核細胞の模式図（鞭毛をもつ例で例示）

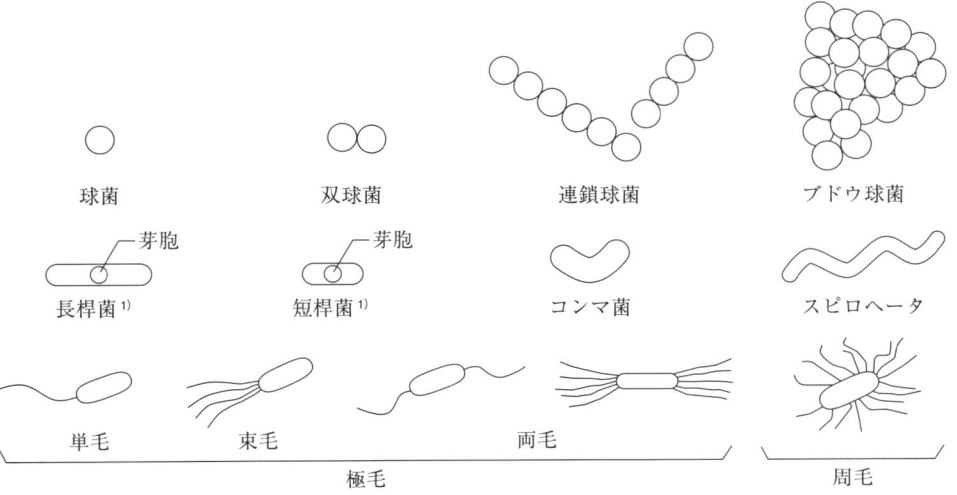

図2-3　細菌の外部形態
1）長桿菌や短桿菌には芽胞を形成しないものもある。

表2-3 身近な真正細菌の例

| 通称名 | 学名 | グラム染色 | 酸素ガスとの関係 | 形態 | 人間生活との関係 |
|---|---|---|---|---|---|
| クロストリディウム（破傷風菌，ウェルシュ菌，ボツリヌス菌など） | *Clostridium* spp. | 陽性 | 偏性嫌気性 | 桿菌 | 窒素の循環（空中窒素固定），ヒト病原菌 |
| 放線菌の仲間 | *Actinomyces* spp. | | 通性嫌気性 | 群体（糸状） | 抗生物質生産 |
| 乳酸菌の仲間 | *Lactobacillus* spp. | | 通性嫌気性 | 桿菌 | 発酵食品生産 |
| 乳酸菌の仲間 | *Lactococcus* spp. | | 通性嫌気性 | 球菌 | 発酵食品生産 |
| 黄色ブドウ球菌 | *Staphylococcus aureus* | | 通性嫌気性 | 球菌 | ヒト病原菌 |
| 放線菌の仲間 | *Streptomyces* spp. | | 通性嫌気性 | 群体（糸状） | 抗生物質生産 |
| 炭疽菌 | *Bacillus anthracis* | | 好気性 | 桿菌 | ヒト病原菌 |
| ジフテリア菌 | *Corynebacterium diphtheriae* | | 好気性 | 桿菌 | ヒト病原菌 |
| 結核菌 | *Mycobacterium tuberculosis* | | 好気性 | 桿菌 | ヒト病原菌 |
| 梅毒トレポネーマ | *Treponema pallidum* | 陰性 | 嫌気性 | スピロヘータ | ヒト病原菌 |
| 大腸菌 | *Escherichia coli* | | 通性嫌気性 | 桿菌 | ヒト病原菌 |
| サルモネラ菌 | *Salmonella* spp. | | 通性嫌気性 | 桿菌 | ヒト病原菌 |
| コレラ菌 | *Vibrio cholerae* | | 通性嫌気性 | コンマ型桿菌（コンマ菌） | ヒト病原菌 |
| 硝酸（細）菌の仲間 | *Nitrobacter* spp. など | | 好気性／嫌気性 | 球菌，桿菌 | 窒素の循環（亜硝酸の酸化） |
| 亜硝酸（細）菌の仲間 | *Nitrosomonas* spp. など | | 好気性／嫌気性 | 球菌，桿菌 | 窒素の循環（アンモニアの酸化） |
| アゾトバクター | *Azotobacter* spp. | | 好気性 | 桿菌あるいは球菌 | 窒素の循環（空中窒素固定） |
| 根粒菌の仲間 | *Rhizobium* spp. | | 好気性 | 桿菌とバクテロイドに相互変換 | 窒素の循環（空中窒素固定） |
| 酢酸菌の仲間 | *Acetobacter* spp. | | 偏性好気性 | 桿菌 | 酢の生産 |
| シアノバクテリアの仲間 | *Anabaena* spp. | | 好気性 | 群体（糸状） | 酸素ガス発生 |
| シアノバクテリアの仲間 | *Microcystis* spp. | | 好気性 | 群体（球形） | アオコの原因 |
| シアノバクテリアの仲間 | *Oscillatoria* spp. | | 好気性 | 群体（糸状） | 酸素ガス発生 |

に基づき行う（図2-1，2-2，2-3）。一方，真核生物の分類では，形態的特徴が比較的単純な酵母を除き，それほど生理特性は重視されてこなかった。これは細菌の形態的特徴が単純であり，形態的特徴だけでは十分に分類できなかったことが一因となっている。ゲノムDNA（genome；生物のもつ全遺伝情報）の特定部分の塩基配列に基づく分子系統解析の結果，古典的な方法で分類されてきた細菌の相互の関係がより明確になりつつあるが，前記の形質は，細菌の分類において現在でも重要である。

われわれの平生の生活に密接なかかわりをもつ細菌は大部分が真正細菌である。その一例を表2-3に示す。

なお，バクテリア（bacterium；複数形がbacteria）はギリシャ語の小さい杖に由来する英語である。以下，最新の研究では真正細菌に位置づけられているが，過去にしばしば，真正細菌とは別グループのものとして取り扱われてきた微生物を紹介する。

① リケッチア（rickettsia）

非運動性のグラム陰性，偏性細胞内寄生性（宿主細胞外では増殖できない）の微生物の一つで，通常の細菌より小さい（付録1参照）。ツツガムシ，ダニ，シラミなど

の特定の節足動物の媒介者（ベクター）を介して，ヒトに発疹チフス，ロッキー山紅斑熱などを引き起こす。ヒトやその他の脊椎動物が保菌者となることもある。

最近の分類体系では，真正細菌ドメインのプロテオバクテリア門（Proteobacteria），リケッチア目（Rickettsiales）に位置づけられている。なお，rickettsia という名称は，発疹チフスの研究に従事し，結果的にそれが原因で亡くなったリケット（H. T. Ricketts）の名にちなんでいる。

② クラミディア（クラミジア；chlamydia）

非運動性のグラム陰性の偏性細胞内寄生性の微生物の一つである。多形で小形の真正細菌程度の大きさである（付録1参照）。増殖環をもっており，培養には発育鶏卵や脊椎動物組織を用いる必要がある。トラコーマ，オウム病，性器クラミジア感染症などを引き起こす人体病原菌として知られている。最近の分類体系では，真正細菌ドメインのクラミディア門（Chlamydiae）として位置づけられている。

③ マイコプラズマ（mycoplasma）

細胞壁を欠き著しい多形性を示す微生物である。人工培地での培養は可能であるが，発育にはコレステロールを要求するものが多い微生物の一つである。通常の細菌より小さく（付録1参照），ゲノムサイズが $4.4 \sim 12 \times 10^8$ ドルトン[*1]と，細菌（$8 \sim 39 \times 10^8$ ドルトン）より小さい。マイコプラズマ性感染症などを引き起こす。

最近の分類体系では，真正細菌ドメインのテネリキューテス門（テネリクテス門；Tenericutes），モリキューテス綱（モリクテス綱；Mollicutes）のマイコプラズマ目（Mycoplasmatales）に位置づけられる。植物病原性のものはファイトプラズマ（phytoplasma）として分別されることもある。ファイトプラズマは師管液を吸うヨコバイやウンカなどの昆虫によって媒介され，植物の師部細胞内に寄生して叢生や葉化を起こす。広義のマイコプラズマは，モリキューテス綱のものすべてを示す。

## ❷ 古細菌（archaebacteria；後生細菌 metabacteria）

前記のような経過でその概念が確立された古細菌は，その後の詳細な研究によって，真核生物に似通った特性を多くもつことが判明し，真正細菌よりも古い時代の細菌とはいえないとの判断から，後生細菌と呼ばれることもある。古細菌の系統進化に関しては，依然さまざまな考えがあるが，真正細菌とは明らかに異なるグループの生物という考えが広く受け入れられている。古細菌の分類も，その発見の歴史経過から，真正細菌と同様に形態，グラム染色，生理特性の組み合わせで行われる。古細菌にもグラム陽性のものとグラム陰性ものが存在する。一般に，真正細菌に比べて高温，強酸，

---

[*1] ドルトン（ダルトン, Da：dalton）：分子や原子の質量を表記するための単位。炭素 12（$^{12}$C）原子の質量の 1/12 に相当する質量をあらわし，1 ドルトンは約 $1.661 \times 10^{-24}$g である。染色体，リボソーム，ウイルスなどのように，分子という概念になじまぬ生体高分子の質量を表記するのに用いられる。

14　第2章　微生物の種類と性質

高塩分などの環境に生息するもの，いわゆる極限環境に適したものが多い．

## 2-2 ▶真核生物（eukaryotes）

　核膜をもつ核を有する真核細胞から構成される生物である．本書では，真核生物に属する微生物のうち，旧来，菌類，粘菌類と呼ばれてきた生物と地衣類を紹介する．菌類と粘菌類は，肉眼的な観察が可能なものが大部分であるが，一部，顕微鏡レベルのものが含まれている．これらの生物の培養には，細菌の培養と同様の操作が必要であり，病原性のものも多数含まれているため，多くの微生物学の教科書に細菌とともに掲載されることが多い．本書でも，この慣習に従ってこれらの生物を紹介する．

　形態学的観察により，菌糸を有する菌類を糸状菌類，一方，単細胞性の菌類を酵母と総称する．糸状菌類のうち，生殖器官の形態の観察が肉眼で可能なものをきのこ，生殖器官の形態が顕微鏡レベルでの観察によらざるを得ないものをかびと呼ぶが，もともと生活用語であるため，両者の厳密な線引きは困難であり，数ミリ程度の子実体をつくるものでは同一菌種がかびの図鑑ときのこの図鑑の両方に掲載されることもまま見受けられる．真核生物では，原核生物と異なり，有性生殖を行うため，その分類では有性生殖器官の形態が重要視されてきた．なお，真核生物に属する微生物には，生態学的観点の範疇の一つであるプランクトン（浮遊生物；plankton）に属するものが多く含まれるが，本書では取り上げない．

　形態学的観点から行われてきた従来の系統解析の結果は，20世紀後半からの分子系統解析手法の発展により，微生物の一部のもので大きく見直されてきている．変形菌類は，20世紀半ばまでは菌界の中や近縁のグループとしてしばしば取り扱われてきた．変形菌類とは，その生活史の特定段階に原則としてアメーバ状の世代をもつものを一括したものである．それらは狭義の変形菌綱（真性粘菌綱），細胞性粘菌綱，原生粘菌綱，ラビリンチュラ綱の4つに大別されてきた．

　分子系統解析の進展により，現在では，変形菌類と旧菌類の一部は，アメーバ界のアクラシス菌門（旧細胞性粘菌綱の一員），タマホコリカビ菌門（旧細胞性粘菌綱の一員），変形菌門（旧変形菌門の一員），ネコブカビ菌門（旧変形菌門の一員），原生粘菌門（20世紀半ばに発見された新しいグループ）とストラミニピラ界（ストラメノパイル界）のラビリンチュラ菌門（旧細胞性粘菌綱の一員），サカゲツボカビ門（旧鞭毛菌門の一員），卵菌門（旧鞭毛菌門の一員）[2]に分類されている．

　残りの旧菌類は，本当の意味での菌界の構成員（厳密な意味での菌類），すなわち真菌類であり，ツボカビ門，接合菌門，グロムス菌門，子嚢菌門，担子菌門および不完全菌類［アナモルフ菌類；いまだにテレオモルフ（有性世代；teleomorph）が発見されておらず，便宜的にアナモルフ（無性世代；anamorph）の分生子柄の構造で

---

[2]　以上のものを真菌類との対比で偽菌類と呼ぶことがある．

分類された真菌類]から構成されている。

## ❶ 原生生物界（Protoctista）

### ① アクラシス菌門（Acrasiomycota）

タマホコリカビ菌綱（Dictyosteliomycetes）は細胞性粘菌の代表的グループとして知られている。特に，キイロタマホコリカビ（*Dictyostelium discoideum*）は形態形成のモデル生物として知られており，分子生物，遺伝学，発生学等の研究材料として多くの研究者に利用されてきた。

以下，キイロタマホコリカビを例にアクラシス菌門の生活環を紹介する。胞子壁が裂開すると，単核のアメーバ状細胞［単相（n）］が這い出す。このアメーバ状細胞はエンドサイトーシス（endocytosis）で，餌となる細菌などを取り込み消化，二分裂で増殖する。餌が不足してくると，増殖した多数のアメーバ状細胞はアクラシン（acrasin）と呼ばれる集合物質（本種ではcAMP）を分泌する。アクラシンの勾配に従い，アメーバ状細胞は集合し，細胞構造を残したまま一つの集合体（偽変形体；pseudoplasomdium；ナメクジ状の移動体と呼ばれる多細胞集合体）を形成する。偽変形体の一部が柄細胞に分化する。残りの多細胞集合体を構成するアメーバ状細胞が，柄に沿って上昇する。最終的には，胞子塊をつけた子実体を形成する（以上，無性生活環）。

アメーバ状細胞は生育に悪い条件下に遭遇すると周囲に細胞壁を形成して耐久性のミクロシスト（microcyst）になる。一方，有性生殖は一部の菌種で知られており，交配型のアメーバ細胞同士が出会うと，融合して巨大細胞を生じる。巨大細胞は集合してきた細胞を取り込み，より大形のマクロシスト（macrocyst）となり，休眠する。この間に，核融合や減数分裂が行われていると考えられている。休眠後，マクロシストは裂開し，ふたたびアメーバ状細胞［単相（n）］を生じる（以上，有性生活環）。

なお，本種の全ゲノムの塩基配列は，2005年に解明されている。

### ② 変形菌門（粘菌門；Myxomycota）

モジホコリ目（Physarales）のモジホコリ（*Physarum polycephalum*）を例として変形菌門の生活史を紹介する。適切な水分があると胞子壁は裂開して，高湿潤下では鞭毛細胞を，より低湿潤下では粘菌アメーバを生じる。両細胞形態はともに単相（n）であり，乾湿状態の変化に応じて互いに転換する。鞭毛細胞や粘菌アメーバは細菌およびかびの分生子を餌として増殖する。鞭毛細胞や粘菌アメーバは配偶子として機能し，ともに異性の配偶子と出会うと接合して複相（2n）となる。接合体は，細菌やかびの分生子などを摂食して，核分裂のみを繰り返して変形体（多核のアメーバ体）に成長する。変形体は，やがて頂部に胞子嚢を有する多数の子実体を形成する。胞子嚢内で減数分裂を起こし，単相（n）の胞子を形成する。

なお，粘菌アメーバは，生育に悪い条件に遭遇すると周囲に細胞壁を形成して耐

久性のミクロシスト（microcyst）になる。ミクロシストは，好適な条件となると発芽する。変形体も生育に悪い条件に遭遇すると，耐久性の菌核（スクレロチウム；sclerotium）を形成する。

## ❷ ストラミニピラ界（ストラメノパイル界）（Stramenopiles）

### ① ラビリンチュラ（ラビリンツラ）菌門（Labyrinthulomycota）

サカゲツボカビ門と卵菌門とともにかつて菌類に入れられていたが，現在ではストラミニピラ界に入れられる。それぞれの関係は議論の余地がある。アマモや藻類の上で生長し，これらの病原菌となる。

### ② サカゲツボカビ門（Hyphochytridiomycota）

淡水に生息しており，藻類や菌類に寄生したり，昆虫の死体や植物の破片に腐生的生活をしたりしている。生活史のなかに1本の鞭毛をもった細胞の時代がある。

### ③ 卵菌門（Oomycota）

寄生性あるいは腐生性である。いわゆるミズカビが含まれている。金魚の病原菌や植物にべと病を引き起こす病原菌である。じゃがいも疫病菌（*Phytophthora infestans*）やその近縁種は植物病原菌として有名で，世界各地で猛威をふるっている。系統的には，キチンをもたずセルロースからなる細胞壁をもつため，従来から菌類と異なる系統の生物ではないかといわれていた。最近の分子系統解析から，真菌類とは異なる祖先を有する生物，すなわち別系統の生物と確認された。有性生殖は，配偶子嚢接合によって卵胞子（oospore）を形成する。卵胞子は発芽すると不等毛の遊走子を生じる。

## ❸ 菌界（Fungi；Holomycota）

最近の分子系統学の進歩により，かつて菌類と呼ばれていたものは単系統ではなく多系統であることが明らかになった。各菌類の系統進化については現在も研究が進行中であり，その分類体系はいまだ完全には定まっていない。以下では，ツボカビ門，接合菌門，グロムス菌門，子嚢菌門，接合菌門および不完全菌類（アナモルフ菌類）の6つを真菌類として紹介する。

### ① ツボカビ門（Chytridiomycota）

水生のものが多く，陸生のものも高水分環境を好む。最近では，両生類の寄生菌として有名である。菌類は動・植物に比べて小さいものが多く化石として残りにくいため，その起源に関する研究は遅れているが，最近の微化石による研究の進展で，ツボカビあるいはツボカビ様生物がその起源でないかといわれている。

### ② 接合菌門（Zygomycota）

接合によって有性胞子である接合胞子（zygospore）を形成する腐生性の真菌類である。接合菌の生活環は以下のとおりである。接合菌は単相(n)の菌体で栄養生長す

る。栄養の状態などが悪くなると無性の胞子嚢柄の形成をはじめ，やがて頂部に胞子嚢を形成する。胞子嚢内に形成される胞子嚢胞子は単相（n）のままであり，発芽して新たな栄養菌糸を生じる。この栄養菌糸は核分裂が起こり，隔壁形成が常にともなわないので多核の菌糸体となる（以上，無性生活環）。

一方，極性の異なる菌糸，すなわち，プラスの核のみを有する菌糸とマイナスの核のみを有する菌糸が出会うと，両菌糸の細胞の一部分が突出して両者の中央に有性の接合胞子を形成する。この接合胞子形成過程で，細胞融合（菌糸の融合），核の融合とこれに引き続く減数分裂が起こり，有性胞子である接合胞子を形成する。接合胞子は発芽すると単相（n）の菌糸を発生する。なお，接合菌類は腐乳（乳腐，豆腐乳）の製造など一部の発酵食品の製造に利用されている。

### ③ グロムス菌門（Glomeromycota）

すべてアーバスキュラー菌根菌（A菌根菌；内生根菌の一つで，かつてはVA菌根菌と呼ばれていた）である。ツボカビとともに菌類のなかでも古い時代から存在した真菌類と考えられている。緑化の推進などで利用されている。

### ④ 子嚢菌門（Ascomycota）

内生の有性胞子である子嚢胞子（ascospore）を形成する真菌類である。チャワンタケ亜門（Pezizomycotina）の菌種（図2-4）や大部分の冬虫夏草のようにきのこも含まれるが，多くはかびである。酵母（図2-5, 2-6）も多くのものが子嚢菌類である。多くの子嚢菌類の栄養様式は腐生であるが，トリフ（トリュフ：*Tuber* spp.）のように菌根によって共生するもの，冬虫夏草のように寄生して殺傷し，死んでからも腐生的に栄養を得るものや，うどん粉菌（Erisiphaceaeの菌）のように植物に寄生して生きるものなどさまざまである。木材を腐朽するものもあるが，針葉樹材を腐朽できるものは知られていない。

子嚢菌類のきのこでは，子実体の大きさが担子菌類のきのこに比べて小さいものが多い。子実体が大きいトリフやアミガサタケ（*Morchella esculenta*，図2-4）など食用にされているものもある。また，シャグマアミガサタケ（*Gyromitra esculenta*）やカエンタケ（*Podostoroma cornu-damae*）などのように毒きのことして知られているものもある。

一方，子嚢菌類のかびではかび毒（マイコトキシン；mycotoxin）を生産するものが多数知られている。

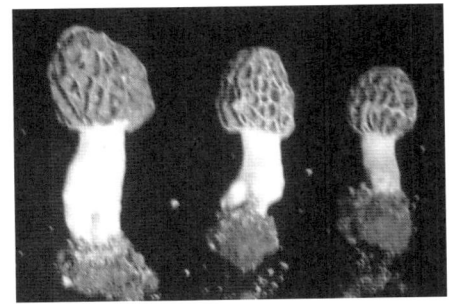

図2-4 アミガサタケ（*Morchella esculenta*）の子実体

大形の子実体をつくる子嚢菌類の一種。フランス料理の食材として有名な食用きのこである［京都大学北部構内での採集品］

子嚢菌類の代表的な生活環は以下のとおりである。子嚢胞子が発芽すると菌糸［単相（n）］の生長・分化がはじまり，菌糸体が形成される。菌糸同士の接合後に生殖器官を形成するものもあるが，多くは担子菌類のように複核菌糸体（p.20，図2-8参照）をつくらず，子実体内で複核菌糸を生じる。なかには，雌性[*3]生殖器として多核の細胞がコイル状にまいた造嚢器を形成するものもある。さらに造嚢器の先端に糸状の受精毛をもつ菌種もある。雄性[*3]生殖器は，細長い糸状の造精器を形成するもの，発芽力がない小型の胞子である不動精子をつくるもの，あるいは分生子の機能も併せもつ小分生子をつくるものなどさまざまである。これらが接合して，子実体や子嚢（ascus）をつくる。

菌糸先端部の子嚢では核融合と減数分裂とこれに引き続く減数分裂後体細胞分裂（post-meiotic mitosis）が起こり，子嚢の内部に8個の内生の有性胞子である子嚢胞子を形成する。このように子嚢菌類の多くの菌種では，生活の主体が単相（n）の菌糸である。単相の菌糸は，菌種によってヘテロタリック（heterothallic）なものとホモタリック（homothallic）なものがあり，いずれも多核体を形成する。子嚢菌酵母は，通常，無性的に出芽によって増殖する。和合性の酵母が性フェロモンを出して互いに細胞の一部を融合させると，核融合を起こし複相（2n）の酵母を生じる。複相の酵母も出芽によって増殖する。複相の酵母はときに減数分裂を行い，その結果，単相（n）の酵母を生じる（図2-5）。

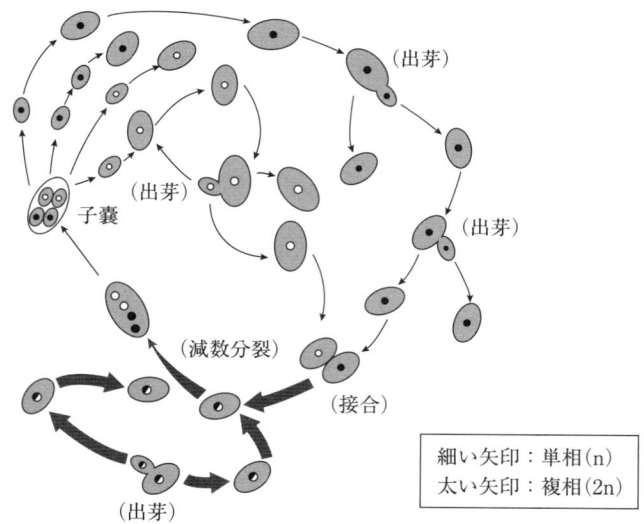

図2-5　子嚢菌酵母（*Saccharomyces cerevisiae*）の生活史（ヘテロタリックな菌の例）

---

[*3] 雌雄性を示す菌における雌雄の判別は，細胞の積極性によらず，核を供与する側の細胞を雄，核を受け取る側の細胞を雌とする。

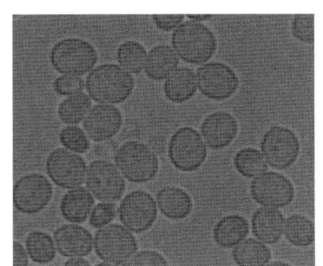

図2-6 パン酵母（*Sccharomyces cerevisiae*）
純水に懸濁して，28℃，12時間静置培養；出芽がみられる。600倍で撮影［写真提供：谷口亜樹子博士（鎌倉女子大学家政学部）］

図2-7 キコウジカビ（*Aspergillus oryzae*）の巨大コロニー
パールコア標準寒天培地（グルコース1.0 g，酵母エキス2.5 g，カゼイン製ペプトン5.0 g，寒天15.0 g，蒸留水1000 mL），pH7.1 ± 0.1で，32℃，7日間培養

なお，子嚢菌酵母は，酒づくりやパンづくりに利用されてきたパン酵母やビール酵母（両者は，*Saccharomyces cerevisie*の異なる系統，図2-6）など，人間生活と密接に関連してきた生物であったため，酵母といえば子嚢菌類という認識が強くなったゆえんである。同じく，酒やみそづくりなどの食品の生産に密接な，コウジカビ属の菌（*Aspergillus* spp.，図2-7，2-10 a参照）も，現在ではその多くの菌種で有性世代が確認され，子嚢菌類の各属に分類されている。

### ⑤ 担子菌門（Basidiomycota）

外生の有性胞子である担子胞子（basidiospore）を形成する真菌類である。サビ菌やクロボ菌などの一部，植物寄生性のかびやシロキクラゲ（*Tremella fuciformis*）などのように担子胞子の発芽後に酵母の世代をもつ菌も含まれているが，大部分はきのこである。

栄養様式は，木材腐朽を引き起こすシイタケ（*Lentinula edodes*）のような腐生，マツタケ（*Tricholoma matsutake*）のような共生，サビ菌のような寄生を示すもののいずれかである。ナラタケ（*Armillaria mellea*）は，殺傷性が強く強力な寄生菌，すなわち植物病原菌であるが，枯死させたのちも樹木の材の分解を続けるので木材腐朽性の腐生菌（木材腐朽菌）でもある。さらに，ナラタケはツチアケビ（*Galeola septentrionalis*）などの腐生植物と内生菌根を形成して共生することもある。このように菌種によっては，状況と相手に応じて栄養様式を変化させる例が数多く知られている。

形態に基づき行われてきた従来の担子菌類の分類は，分子系統解析法の発展で大きく見直されつつある。シイタケなど担子菌類の一部のものはリグニン分解が可能な白色腐朽菌（木材腐朽菌の一つ）であり，現在の地球において炭素循環に重要な役割を演じている。多くの食用きのこは担子菌類であり，栽培きのこの大部分は白色腐朽菌である。また，マコモダケは，マコモ（*Zizania latifolia*）の新芽にクロボ菌の一種（*Ustilago esculenta*）を寄生させ，その茎の基部を肥大させることによって生産したも

20　第2章　微生物の種類と性質

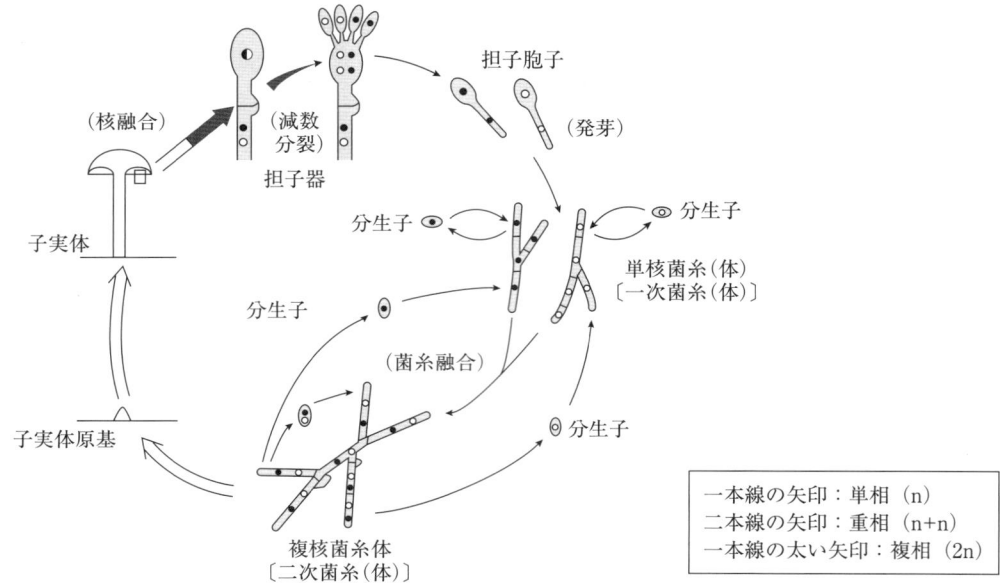

図2-8　担子菌類の生活史（ヘテロタリックな菌の例）

のである。

　担子菌類の生活史は以下のとおりである（図2-8）。担子胞子が発芽すると菌糸（単相；n）の生長・分化がはじまり，菌糸体が形成される。これを単核菌糸体（n）と呼ぶ。この過程で和合性の菌糸同士が性フェロモンを感知しあうと菌糸細胞（隔壁に穴が開いているため，コンパートメントともいう）の一部が融合し，いずれかの菌糸の細胞からほかの菌糸の細胞に核が供給される。和合性を有する核はすぐに融合せず，同調的に分裂を繰り返して，細胞に和合性の2種類の核をもつ複核菌糸（n+n：重相）を形成する。複核菌糸は生長・分枝と吻合（アナストモーシス：anastomosis）を続けて菌糸のネットワークである複核菌糸体となる。担子菌類では複核菌糸体が生活の主体となる。やがて，複核菌糸体は子実体（図2-8, 2-9）を形成し，子実体の特定部（子実層托：ひだや管孔など）の特定菌糸の先端部の細胞が大きくなり，ここで核融合と

図2-9　ドクツルタケの子実体

担子菌類の一種。毒性の強いきのことして有名である。子実体はひだ（子実層托の一つの形；このほかに管孔やしわ状のものなどがある）の先端にある担子器を除き，栄養菌糸体と同様に重相（n+n）である。つばやつぼは菌種によって存在するものとしないものがあり，分類のための形質となる。
写真の子実体では，通常，脱落する外膜の一部が残存している。
（撮影地：八ヶ岳山麓の混交林）

減数分裂が起こる。この部分を担子器（basidium）という。多くの担子菌類では，子嚢菌類と同様にこれに引き続く体細胞分裂が起こる。4つの核が担子器壁を押しひろげて，外生的に原則として単核（n）の4つの担子胞子を形成する。一方，多くの担子菌類は，単核菌糸および複核菌糸で体細胞分裂を起こし，分生子（conidium）も形成する（図2-8）。菌種によりホモタリックなものとヘテロタリックなものがあるが，ヘテロタリックなものが多い。

単核菌糸，複核菌糸ともに菌糸のコンパートメント（細胞に相当）あたりの核数は多核になっている部分が多数みられる。複核菌糸では，もともとヘテロカリオンのため，1コンパートメントあたり2核の偶数倍の数の核を有していることが多い。

担子菌酵母は，担子胞子が発芽すると単核菌糸のかわりに単相（n）の酵母を生じる。この酵母は出芽によって増殖する。この単相の極性が異なる酵母同士が出会うとお互いに引きあい，複核の二次菌糸（体）を生じる。換言すれば，一生のうちに酵母形（酵母型）と菌糸形（菌糸型）の世代を有している。このように，その生活環のなかで，異なる形質を示す状態を二形性（二型性；dimorphism）と呼ぶ。

サビ菌やクロボ菌は，担子菌類に属する絶対寄生性の植物寄生菌であり，寄主特異性の高いものが多い。これらの菌は，担子器が担子胞子の形成時に4つの部屋が分かれた状態になることや，宿主交代をすることなどが特徴である。生活史の詳細に関しては他書を参照されたい。

### ⑥ 不完全菌類（アナモルフ菌類；Anamorphic fungi）

多くはかびであるが，一部の冬虫夏草のきのこや酵母はテレオモルフ（有性世代）がみつかっておらず，不完全菌類のきのこや不完全酵母に分類されている。不完全菌類の分類は，アナモルフ（無性世代）の特徴，すなわち，分生子柄など無性生殖器官

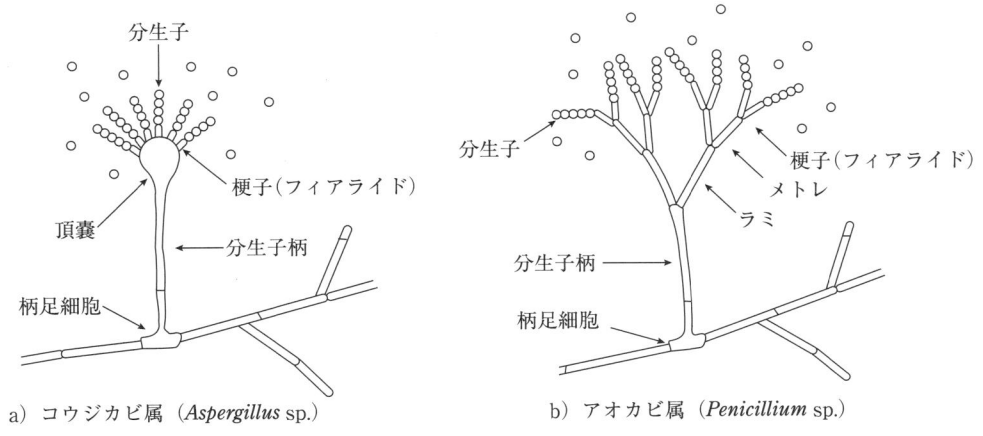

図2-10 アナモルフ菌類（不完全菌類）の分生子柄の形態

注）コウジカビ属にはメトレをもつ菌種もある。アオカビ属にはメトレ，ラミをもたない菌種やラミをもたない菌種もある。

の形態や分生子の形成様式などによって便宜的に分類が行われてきた。

アナモルフによる分類（図2-10）で近縁種と思われた菌種のなかには，その後の研究で有性生殖が確認され，該当する門の真菌類として位置づけられることがしばしばみられることや，分子系統解析の進歩で有性生殖器官を用いずとも各菌の系統的位置づけが特定可能となったため，2013年からは，アナモルフによる分類を行わないことになった。換言すれば，不完全菌類の構成菌種は，今後，分子系統解析の結果に基づき上記いずれかの菌界の門に分別されることになる。

## 2-3 ▶地衣類（lichens）

糸状の真菌類と単細胞性の藻類，あるいはシアノバクテリアとの共生体である。共生菌類によって，子嚢地衣類，担子地衣類，不完全地衣類と呼ぶ。また，外部形態から葉状地衣類（図2-11 a），樹状地衣類（図2-11 b），固着地衣類（図2-11 c）に大別される。

地衣類の分類では，形態的特徴のみならず地衣成分と呼ばれる二次代謝産物を分類の重要形質とすることが，ほかの生物の分類と異なるところである。共生することによって乾燥や寒さに強くなるため，また，共生菌類によって少ない養分の効率的獲得と共生藻類による光合成を介して二酸化炭素の固定が可能であるため，ツンドラ帯や亜高山帯の主要構成員となっている。また，地衣類は火山爆発後の冷えた溶岩上で肉眼で最初に観察される生物として，換言すれば，乾生遷移の初期に発生する生物としても名高い。地衣類は，これらの環境のみならず，地球上のあらゆる気候帯に生育する生物として知られており，細菌に次いで分布範囲の広い生物と考えられている。

18世紀後半から19世紀の産業革命により，イギリスではエネルギー源とした石炭の大量消費に伴い，今日でいう大気汚染ガスが多量に発生した。悪環境に強い地衣類

a) ウメノキゴケの仲間（葉状地衣類）
　（撮影地：八ヶ岳山麓の混交林）

b) サルオガセの仲間（樹状地衣類）
　（撮影地：八ヶ岳山麓の混交林）

c) チズゴケの仲間（固着地衣類）
　（撮影地：八ヶ岳の亜高山帯）

図2-11　地衣類

が工場地帯の風下側で壊滅的打撃を受けたことから，地衣類は一部の蘚苔類とともに大気汚染ガスによる汚染程度を示す指標生物となった。過酷な自然環境に高い抵抗性をもつ地衣類が，人工環境には意外と抵抗性をもたないことは，生物の環境適応を考えるうえで示唆的である。

華道などの装飾用に使われるウメノキゴケ（*Parmotrema* spp.）やサルオガセ（*Usnea* spp.），リトマス試験紙の色素をとるリトマスゴケ（*Roccella* spp.）などが有名である。

## 2-4 ▶ ウイルス（virus）

1892年，イワノフスキー（D. I. Ivanovski）によって，最初，細菌ろ過器を通過して病原性を失わない病原体として認識された。その後の1935年，スタンリー（W. M. Stanley）は，タバコモザイク病の病斑部からたんぱく質と核酸の一種類であるRNAを精製し，同RNAやたんぱく質は単独では病原性をあらわさないが，混ぜ合わせると病原性をあらわすことを発見し，ウイルスの本体の確認に成功した。その後の研究で，ウイルスにはRNAの一本鎖あるいは二本鎖をもつものと，DNAの一本鎖あるいは二本鎖をもつものが存在することが確認されている（表2-4，付録1参照）。

ウイルスは寄主となる細胞内でしか増殖できず，細胞のような膜状構造をもたず，ゲノムDNAあるいはゲノムRNAとそれを取り囲むカプシド（capsid）と呼ばれるたんぱく質の殻，すなわちヌクレオカプシド（nucleocapsid）からなる偏性寄生の粒子である。ウイルスによっては，ヌクレオカプシドに加えてエンベロープ（envelope）と呼ばれる脂質二重膜と，その上にスパイク（spike；エンベロープたんぱく質）と呼ばれる糖たんぱく質を突出させているものがある。各ウイルスにとって必要な構造をすべて備え，寄主に感染可能なウイルス粒子をビリオン（virion）と呼ぶ。通常のものの大きさは，数10 nmから数100 nm程度であり，ウイロイド（本章 p.25 参照）に次いで小さい増殖体である（付録1参照）。

ウイルスには種（species）という概念はないが，上記のような性質をもつため，その種類は，ゲノムの種類（DNA鎖とRNA鎖の違い，および構成鎖の数やプラス

表2-4 ウイルスの分類

| 宿　主 | ゲノムの形 | | | | | | |
|---|---|---|---|---|---|---|---|
| | 二本鎖DNA | 二本鎖DNA（逆転写） | 一本鎖DNA | 二本鎖RNA | 一本鎖RNA（逆転写） | 一本鎖RNAプラス鎖 | 一本鎖RNAマイナス鎖 |
| 原核生物 | ○ | | | | | ○ | |
| 藻類・菌類・原生動物 | ○ | | | ○ | | ○ | |
| 植物 | | ○ | ○ | ○ | | ○ | ○ |
| 無脊椎動物 | ○ | | | ○ | | ○ | ○ |
| 脊椎動物 | ○ | ○ | ○ | ○ | ○ | ○ | ○ |

プラス鎖：DNAでは遺伝子がコードされている側の鎖；RNAでは直接mRNAとして機能する鎖
出典：巖佐庸ほか編『岩波生物学辞典（第5版）』岩波書店，2013，pp.1513-1529 をもとに著者作成

鎖かマイナス鎖の違いなど），ヌクレオカプシドの形，寄主の種類などを組み合わせて分類する。あらゆる生物を寄主とするウイルスが知られており，寄主名で，動物ウイルス，植物ウイルス，菌類ウイルス，昆虫ウイルスなどの名称で分類されている（表2-4）。なお，細菌ウイルスはバクテリオファージ（bacteriophage）あるいは単にファージと呼ばれる。タバコモザイク病，インフルエンザ，エイズ，エボラ出血熱，黄熱病，ポリオ，狂犬病，天然痘などの病原体として有名である。

増殖は，二分裂による対数増殖や出芽によるものではなく，一段階増殖する。すなわち，寄主の細胞表面に尾毛で吸着したウイルス粒子は，次に実際の増殖の場となる細胞内部へ侵入する。細胞内へ侵入したウイルスは，いったん，カプシドが分解されて（脱殻），ウイルスゲノムが放出される。ウイルスゲノムの複製と同ゲノムに基づく情報発現を行い，ウイルスのゲノムとカプシドをそれぞれ多数作製する。この間，ビリオン（感染性のある完全なウイルス粒子）がどこにも存在しないことになるため，この時期を暗黒期（エクリプス期；eclipse phase）と呼ぶ。次いで，両者を組み合わせて寄主細胞内に突然，多数の娘ウイルス粒子が出現する。出現したウイルスは，細胞から出芽，あるいは感染細胞が死ぬことによって放出される（図2-12）。この際，エンベロープをもつウイルスの一部は，出芽に際して宿主の細胞膜の一部をエンベロープとして獲得する。

このようにウイルスは，増殖をするが，細胞構造をもたず，生合成のエネルギー源

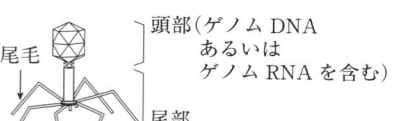

a) ファージが細菌表面に尾毛で吸着する。
b) ファージのゲノムが注入される。
c) ファージのゲノムが合成される。次いで注入されたファージのゲノムにより，ウイルスカプシド（たんぱく質の殻）が合成される。この間の過程では，ファージの存在が見えなくなるため，暗黒期と呼ばれる。
d) ファージの増殖したゲノムがカプシドに包まれ，多数のファージが同時に完成する。
e) 子孫となるファージが放出される。
以上の増殖過程は，寄主が異なるもののすべてのウイルスで同様に進行する。

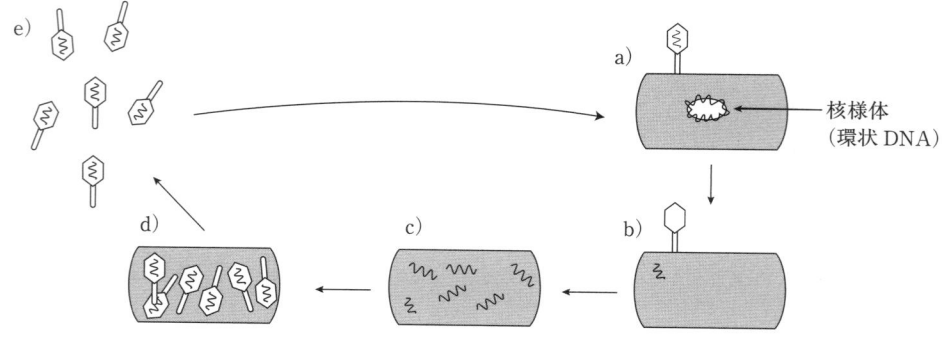

図2-12　バクテリオファージ（ファージ）の増殖

となる ATP もみずからは合成できないため（付録1参照），生物として取り扱われる場合と非生物の増殖性の病原体として取り扱われる場合がある。

## 2-5 ▶ウイロイド（ビロイド，バイロイド：viroid）

1971年，ディーナー（T. O. Diener）によってじゃがいもやせいも病の病原体として発見された。その後，キク矮化病などいくつかの維管束植物の病原体として確認されている。

200～400塩基対程度と短い環状の一本鎖 RNA のみで構成される（付録1参照）。ウイルスと異なり，たんぱく質の殻ももたない。RNA の複製は，宿主細胞の核内あるいは葉緑体内でローリングサークルと呼ばれる様式で行われる。

**参考文献**

吉里勝利監『スクエア最新図説生物 neo（第四版）』第一学習社，2016
巌佐庸ほか編『岩波生物学辞典（第5版）』岩波書店，2013
小川真『カビ・キノコが語る地球の歴史』築地書館，2013
日本菌学会編『菌類の事典』朝倉書店，2013
柳島直彦『酵母の生物学』東京大学出版会，2006
岩槻邦夫・馬渡峻輔監『菌類・細菌・ウイルスの多様性と系統』裳華房，2005
南嶋洋一ほか『現代微生物学入門（改訂4版）』南山堂，2002
中村運『基礎生物学—分子と細胞レベルから見た生命像（第3版）』培風館，2000
堀越孝雄・鈴木彰『きのこの一生』築地書館，1990
Woese, C. R., et al.: Towards a natural system of organisms: proposal for the domains Archaea, Bacteria, and Eucaryata, Proc. Natl. Acad. USA, 87 : 4576-4579 ,1990
日本微生物学協会編『微生物学辞典』技報堂出版，1989
Margulis, R., Schwartz, K. V./川島誠一郎・根平邦人訳『図説・生物界ガイド　五つの王国』日経サイエンス社，1987
中村運『微生物からみた生物進化学』培風館，1983
宇田川俊一ほか『菌類図鑑』（上巻・下巻）講談社，1978
前田みね子・前田靖男『粘菌の生物学』東京大学出版会，1978
Hale, A. E.: The biology of lichens, Edward Arnold,1967
Alexopoulus, C. J.: Introductory Mycology, 2 edn., John Wiley& Sons, Inc.,1962

---

**コラム　L型菌（L-form bacteria）**

細菌は細胞壁合成を阻害されると死滅する。実験室で，普通の細胞壁をもつ細菌（野生型）からペニシリンなどで細胞壁の合成を阻止する処理を行ったのち，浸透圧で細菌細胞が壊れないように等張の食塩やショ糖を培地に加えて継代培養を続けると，同細菌は細胞壁のない状態で生存し，増殖する場合がある。このような細胞壁が無い状態で増殖する細菌をL型菌と呼ぶ。マイコプラズマに似るが，GC比，DNAゲノムサイズなどが異なる。

（鈴木彰）

# 第3章

# 微生物の代謝と増殖

## 1 微生物の代謝

### 1-1 ▶エネルギーとしてのATP

　生物活動に使用されるエネルギーは，基本的にアデノシン三リン酸（Adenoshine triphosphate；ATP）が用いられる。ATPの構造は，アデノシン（塩基アデニンと糖リボースが結合したもの）に，リン酸が連続して3個結合したものである（図3-1）。アデノシン側から数えて1個目と2個目，2個目と3個目のリン酸間の結合が高エネルギーリン酸結合になる。ここを加水分解することでエネルギーが生じるが，一般的には2個目と3個目の結合から生じるエネルギーを利用している。この間の結合エネルギーは7.3 kcal/mol（30.5 kJ/mol）で，ATPが加水分解してリン酸が一つとれるとアデノシン二リン酸（Adenoshine diphosphate；ADP）になる。
　多くの生物は，糖などエネルギーを有する物質を取り込み，このエネルギーから代謝によりATPを生産して，自身のエネルギーとしている。

### 1-2 ▶エネルギー産生

　代謝で最も一般的と考えられる，グルコースからのエネルギー産生経路を図3-2に示した。これは，発見者にちなんで，エムデン-マイヤーホフ-パルナス経路（Embden-Meyerhof-Parnas pathway；EMP経路）と呼ばれている。この経路に加え，何割かは途中の経路が異なるペントースリン酸経路と呼ばれる経路での代謝も行って

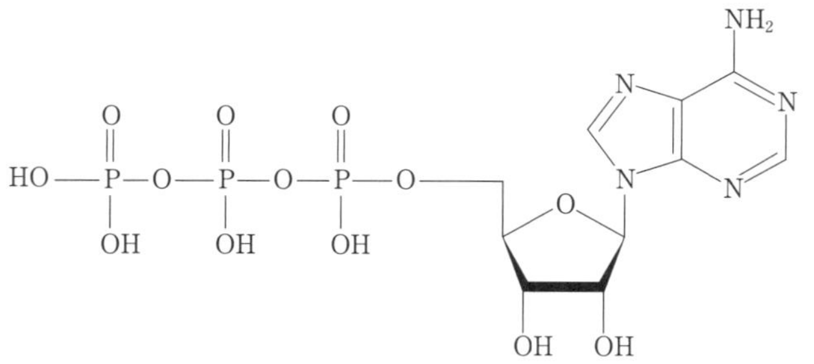

図3-1　ATPの構造

図 3-2　解糖系

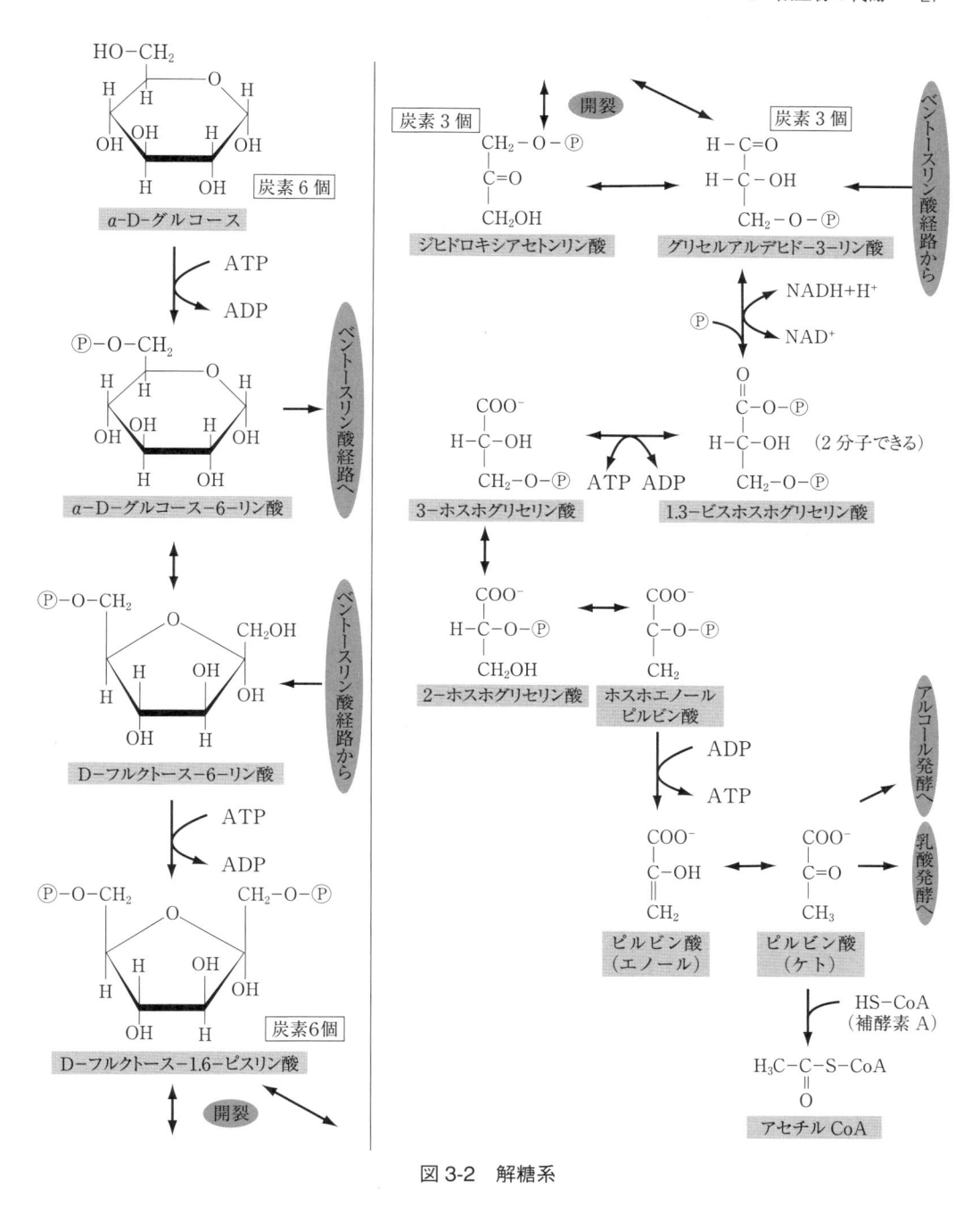

いる（図 3-3）。これらの解糖系は，主に細胞質で行われる。

　乳酸菌や酵母の一部では，これらの解糖系で生じたピルビン酸から，一般的な TCA 回路ではなく，乳酸発酵またはアルコール発酵によりエネルギーが産生される（図 3-4）。

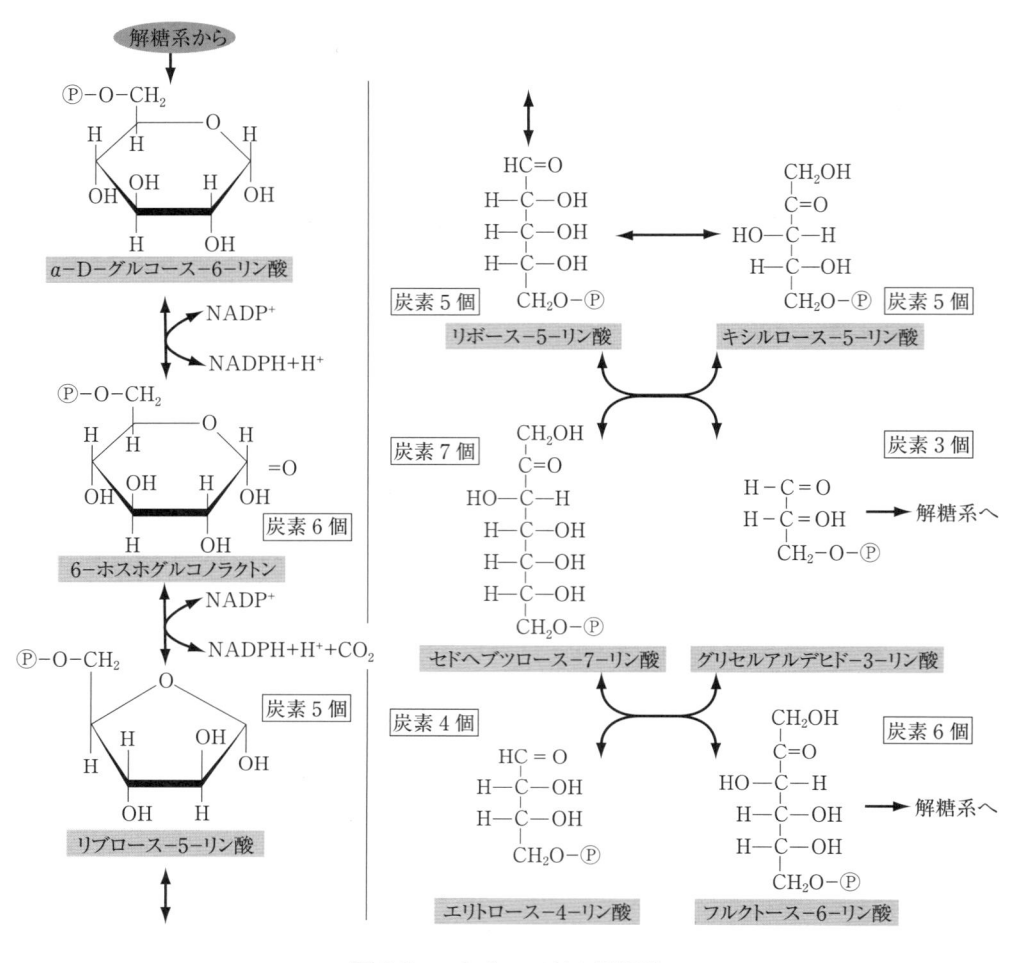

図 3-3　ペントースリン酸経路

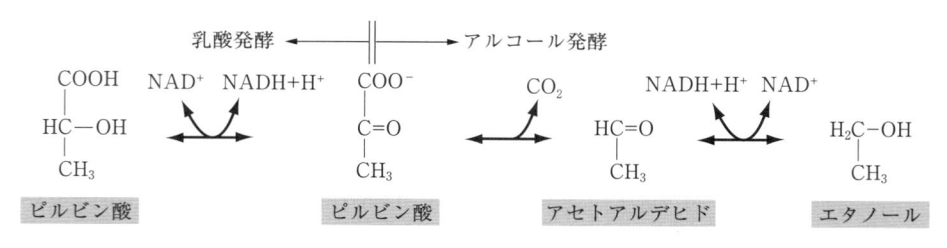

図 3-4　乳酸発酵とアルコール発酵

　一方，一般的な微生物では，ピルビン酸を生じた後，真核微生物であればミトコンドリア内で，TCA 回路（tricarboxylic acid cycle；発見者にちなんでクレブス回路と呼ばれたり，反応の中心物質からクエン酸回路とも呼ばれたりする）から酸化的リン酸化へと続くエネルギー産生が行われる（図 3-5）。また原核微生物であれば細胞膜

図 3-5 TCA 回路

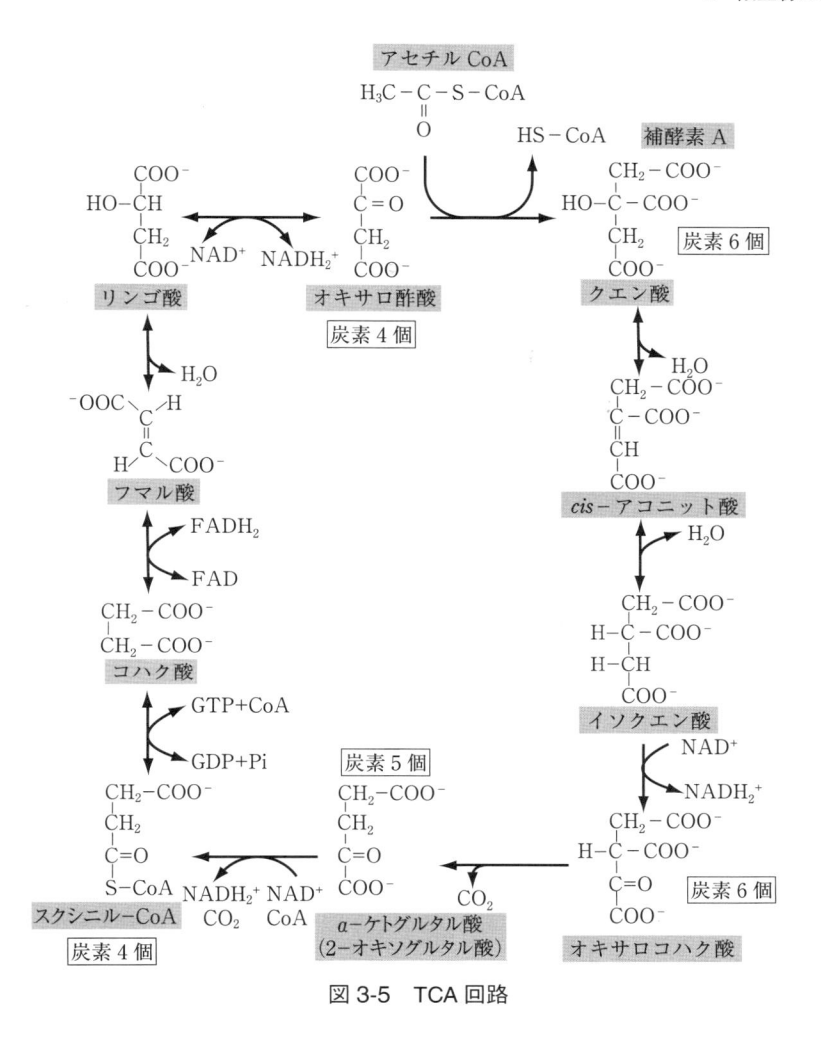

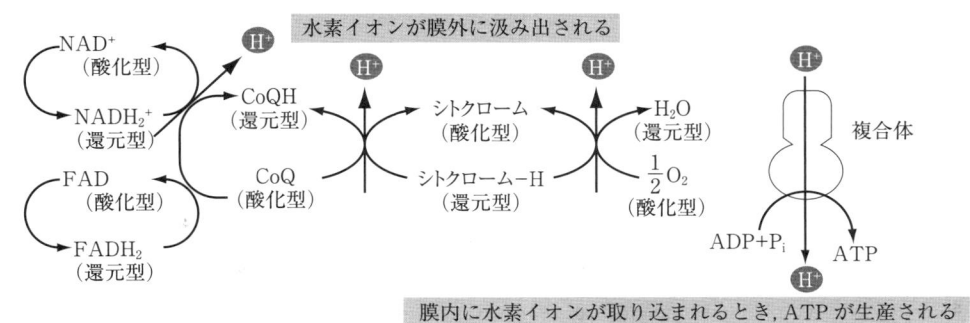

図 3-6 酸化的リン酸化

の周辺で TCA 回路によるエネルギー産生が，その後，特に好気的な条件下では，酸化的リン酸化によりエネルギーが産生される（図 3-6）。

## 2 微生物の生育因子

### 2-1 ▶ 酸　素

　微生物は，生育に酸素を必要とする好気性菌，酸素が存在する場合には好気的呼吸を行い，酸素が存在しない場合には代謝を切り替えて発酵を行う通性嫌気性菌，酸素があると増殖できない偏性嫌気性菌，大気中では生育し難いが大気よりも酸素濃度が低いと生育できる微好気性菌に分類される（表3-1）。

表 3-1　酸素との関係による微生物の分類

| 分　類 | 酸素に対して | 例 |
|---|---|---|
| 好気性菌 | 酸素は生育に必要 | 大半のかび，バチルス属菌，シュードモナス属菌 |
| 微好気性菌 | 通常より酸素濃度が低いと生育が早い | カンピロバクター属菌，乳酸菌 |
| 通性嫌気性菌 | 酸素の有無で代謝を切り替えて生育 | 酵母，黄色ブドウ球菌，サルモネラ菌，大腸菌，エルシニア・エンテロコリチカ，ビブリオ属菌，リステリア・モノサイトジェネシス |
| 偏性嫌気性菌 | 酸素があると増殖できない | ウェルシュ菌，ボツリヌス菌 |

　かびはその大半が好気性菌であり，酸素がない状態では生育できないが，偏性嫌気性菌であるウェルシュ菌，ボツリヌス菌，通性嫌気性菌である黄色ブドウ球菌，サルモネラ菌，腸管出血性大腸菌，エルシニア・エンテロコリチカ，微好気性菌であるカンピロバクター属菌など多くの食中毒菌が，酸素がないか，または酸素濃度が低い状態で増殖可能であるため，低酸素状態（いわゆる真空状態）でも注意が必要である。真空包装（真空パック）などに加え，加熱して煮込んだカレーやシチューなども低酸素状態をつくると考えられる。

### 2-2 ▶ 温　度

　微生物は0℃以下から100℃以上まで，非常に広い温度領域で生育することが可能であるが，それぞれの種によって最も生育に適する温度帯が存在する。生育に適する温度帯から，おおまかに低温細菌（Psychrophiles），中温細菌（Mesophiles），高温細菌（Thermophiles），超高熱細菌（Hyperthermophiles）の4つに分類される（表3-2）。

　低温細菌の最適な生育温度帯は20～30℃であるが，0℃でも生育可能である。冷蔵庫内でも十分に生育し，冷蔵された食品を腐敗させる菌である。中温細菌は，大部分の菌が該当する。最適な生育温度帯は25～40℃である。高温細菌は，最適な生育

表 3-2　生育温度帯と微生物の分類

| 分　類 | 生育温度帯（℃） | 最適生育温度（℃） |
|---|---|---|
| 低温細菌 | −10 〜 40 | 20 〜 30 |
| 中温細菌 | 5 〜 45 | 25 〜 40 |
| 高温細菌 | 40 〜 80 | 50 〜 60 |
| 超高熱細菌 | — | 80 以上 |

温度帯が 50 〜 60 ℃ の菌であり，ほとんどの菌は 45 ℃ 以下では生育しない。超高熱細菌は，古細菌（Archaea）に属する細菌に見つかることが多く，最適な生育温度帯は 80 ℃ 以上になる。

通常の食中毒菌は中温細菌に属し，通常の冷蔵庫内（4 ℃）ではほぼ生育できないが，エルシニア・エンテロコリチカとリステリア・モノサイトジェネシスは 0 ℃ 付近でも増殖可能であり，冷蔵庫内の保蔵であっても注意が必要である。また，黄色ブドウ球菌は 5 ℃ から生育可能で，10 ℃ 以上でエンテロトキシンを産生する。腸管出血性大腸菌は 7 ℃ から生育可能であるため，冷蔵保蔵であっても注意が必要である。

## 2-3 ▶ pH

一般的な，細菌の生育に最適な pH は 7.0 付近，生育可能範囲はおよそ pH3.5 〜 9.5 である。また，かびや酵母では生育に最適な pH は 4.0 〜 6.0，酵母ではおおよそ pH1.5 〜 8 の範囲で生育可能であり，かびではおおよそ pH2 〜 11 の範囲で生育可能である。

ソルビン酸やクエン酸などの有機酸が含まれると，微生物の生育は阻害を受ける。ソルビン酸では，pH4 であれば，耐酸性能の強い乳酸菌に対して 0.2 ％ 程度の濃度，その他の菌に対しても 0.02 ％ 程度の濃度で発育を阻害し，クエン酸でも pH4 で，かびを除く菌に対して 1.5 ％ 程度の濃度で発育を阻害する。

## 2-4 ▶ 水分活性

水分は微生物の増殖に必須なものであるが，この微生物が利用できる水は，食品中で塩類，糖類，たんぱく質等に結合し保持されている結合水ではなく，遊離の状態に

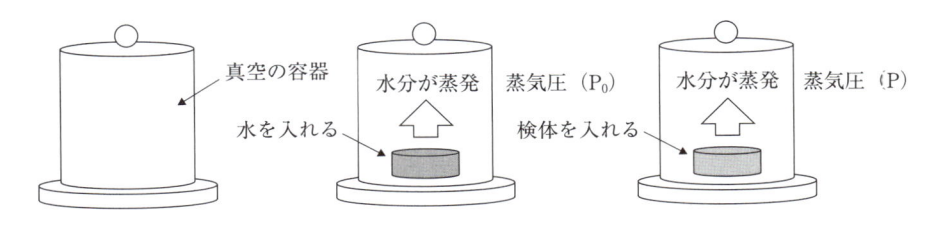

図 3-7　水分活性値

ある自由水である。このため，微生物の生育の可能性を予測するためには，食品中の単純な含水量ではなく，自由水の割合を示す水分活性値（Water activity；略号はAw または aw）が用いられることが多い。

水分活性値（Aw）は，一般に 25℃の密閉容器中に純水を入れて蒸発させた場合の平衡蒸気圧（$P_0$）に対する，同じ条件下での被検食品中の平衡蒸気圧（P）の比であらわされる（図3-7）。

$$Aw = P/P_0 < 1$$

この場合，純水の水分活性値は 1.00 になり，食品の水分活性値は 1 より小さな値となる。主な食品の水分活性値は，生肉，鮮魚，野菜，果物，牛乳，米飯などが 0.98以上であり，パン，ソーセージ，缶詰肉，プロセスチーズなどは 0.98〜0.93，半乾燥牛肉，生ハムなどは 0.93〜0.85，ジャム，小麦粉，穀物，ビーフジャーキー，はちみつなどは 0.85〜0.75，乾燥果実，ゼリー，キャンディーなどは 0.75〜0.60，ビスケット，コーンフレーク，ポテトチップなどは 0.60 以下である。

一方，主な細菌の多くは，水分活性値が 0.98 以上でよく増殖し，0.93 以下では生育が抑制される。食中毒菌では，カンピロバクター属菌（*Campylobacter jejuni/coli*）は水分活性値が 0.98 以下では生育せず，ボツリヌス菌（*Clostridium botulinum*），セレウス菌（*Bacillus cereus*），ウェルシュ菌（*Clostridium perfringens*），腸炎ビブリオ菌（*Vibrio parahaemolyticus*），サルモネラ属（*Salmonella* sp.），エルシニア・エンテロコリチカ（*Yersinia enterocolitica*），腸管出血性大腸菌（*Escherichia coli*, O157：H7, O26：H11 など）などは水分活性値が 0.93 以下では増殖できない。しかし，黄色ブドウ球菌（*Staphylococcus aureus*）は，水分活性値が 0.83 以上で生育する（表3-3）。

水分活性値が 0.93〜0.60 の範囲では，主に好塩性細菌である乳酸菌の一部

表3-3 食品と細菌の水分活性

| 水分活性（Aw） | 例 |
|---|---|
| 1.00 | 水 |
| 〜 | 肉製品，鮮魚，生鮮野菜・果実，パン，ソーセージ，チーズなど |
| 0.91 | 大部分の細菌・食中毒菌の生育限界 |
| 〜 | しらす干し，塩鮭，スポンジケーキなど |
| 0.87 | 一般的な酵母の生育限界 |
| 〜 | サラミソーセージ，米，小麦粉など |
| 0.80 | 一般的なかび，黄色ブドウ球菌の生育限界 |
| 〜 | ジャム・マーマレード，ドライフルーツ，みそ・しょうゆ，キャンディー・キャラメルなど |
| 0.50 | ほとんどすべての微生物の生育限界 |
| 〜 | クッキー・クラッカー，乾燥野菜，チョコレートなど |

(*Pediococcus* sp. など)や真菌である酵母(*Saccharomyces cerevisiae*),かびなどが生育可能である。マイコトキシンを産生する可能性があるアスペルギルス属(*Aspergillus* sp.),ペニシリウム属(*Penicillium* sp.),フザリウム(*Fusarium* sp.)などは,水分活性値が 0.75 を下回ると生育しない。

また,水分活性値が 0.75 〜 0.60 の範囲では,しょうゆなどの製造に用いられる耐浸透圧性の酵母(*Zygosaccharomyces roxii*)などが生育可能である。

さらに,水分活性値が 0.60 以下では,通常の細菌は生育しないが,食品などの取り扱い方によっては,表面など局所的に水分活性が上昇し,かびなどによる汚染が生じることもある。

## 2-5 ▶ 塩濃度

塩の防腐効果は,塩の浸透圧によるものである。浸透圧は溶液中の電解質濃度に比例するため,塩は少量で高い浸透圧が得られることになる。このため,昔から塩が食品保存に使われてきた。

微生物は,増殖に最適な NaCl 濃度の違いによって 4 つに分けられることが多い。非好塩菌は,0 〜 0.2 mol/L(生理食塩水より少し濃い濃度)を最適とし,ほとんどの土壌細菌が該当する。低度好塩菌は,0.2 〜 0.5 mol/L(ほぼ海水の濃度)を最適とし,海洋細菌の多くが該当する。中度好塩菌は,0.5 〜 2.5 mol/L(約 15 %,水分活性がほぼ 0.80 になる。これより濃いと防腐効果が高い)を最適とし,高度好塩菌は,2.5 〜 5.2 mol/L(ほぼ飽和濃度)を最適とする(表 3-4)。

近年,浅漬や,塩辛で食中毒が報告されている。流通している浅漬けの塩濃度は 1 〜 3 %程度のものが多く,25 ℃で腸管出血性大腸菌が増殖し得る環境である。また,塩辛であっても塩濃度が 4 〜 7 %のものが多く,これは 25 ℃で腸炎ビブリオが増殖し得る環境である。

表 3-4 塩濃度と微生物の分類

| 分 類 | 最適生育塩濃度(mol/L) |
|---|---|
| 非好塩菌 | 0 〜 0.2 |
| 低度好塩菌 | 0.2 〜 0.5 |
| 中度好塩菌 | 0.5 〜 2.5 |
| 高度好塩菌 | 2.5 〜 5.2 |

## 3 微生物の生育曲線

### 3-1 ▶ 世代時間

　細菌は分裂を繰り返して増殖する。この分裂に要する時間を世代時間という（倍化時間という表現もある）。世代時間は，細菌の種類や培養条件によっても異なるが，最もいい条件で，腸炎ビブリオで約10分，大腸菌や腐敗菌などの腸内細菌で20～30分，黄色ブドウ球菌では30～40分である。

### 3-2 ▶ 増殖曲線

　細胞を培養器などで増殖させた場合の生きている菌の数（生菌数）の経時変化を，菌数のみ対数で（片対数で）グラフ化した曲線を増殖曲線という。順番に，誘導期（ほかに遅滞期などの表現もある），対数増殖期（指数増殖期），定常期（静止期），死滅期（衰退期）の4つの時期があらわれる（図3-8）。

　誘導期は，細菌が新しい環境に適応していく時期で，増殖速度は比較的ゆっくりとしている。対数増殖期は，細菌が盛んに分裂を繰り返し，最も活発に活動している時期である。定常期は，細胞が増殖し，栄養素が不足しだしたり，代謝産物が蓄積したりして細菌の増殖速度が鈍り，また，死滅する菌も多くなり，見かけ上，菌数が増えない時期である。死滅期は，細菌が衰退し，増殖により増える菌数よりも死滅する菌数が大きくなっていく時期である。

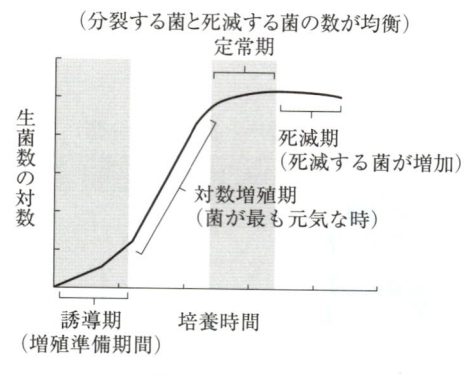

図3-8　増殖曲線

# 4 真菌の増殖

## 4-1 ▶酵母の生活環

　酵母は，通常，一倍体で存在し，出芽によって増殖していく。しかし，生活環境が悪化すると，2個体（a型とα型）が接合し，二倍体となる。この二倍体のまま，出芽によっても増殖するが，減数分裂を起こして一倍体の胞子を形成する。この胞子が生活可能な環境になると，発芽して通常の一倍体の細胞となり増殖していく（図3-9）。

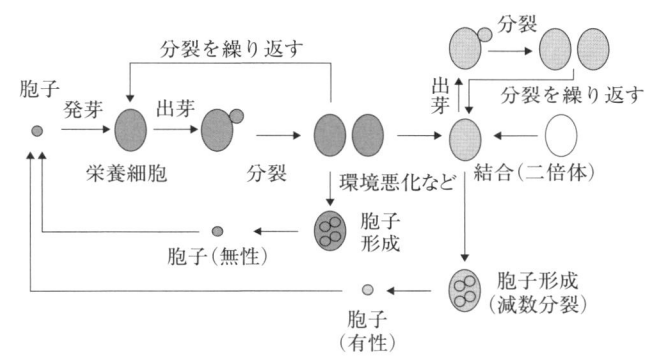

図3-9　酵母の生活環（生活史）

## 4-2 ▶かびの生活環

　一般的なかびは，有性と無性の2種類の生活環をもつ。菌糸体から栄養・環境状態により，分生子柄の先端に形成した胞子囊内に無性胞子（分生子）をつくる。この分生子は，栄養・環境状態がよいと発芽して菌糸体を形成する（図3-10）。
　ある環境になると，菌糸と菌糸が雌雄に変化し，接合して二倍体の接合胞子をつくる。この接合胞子がふたたび発芽して菌糸体となる。

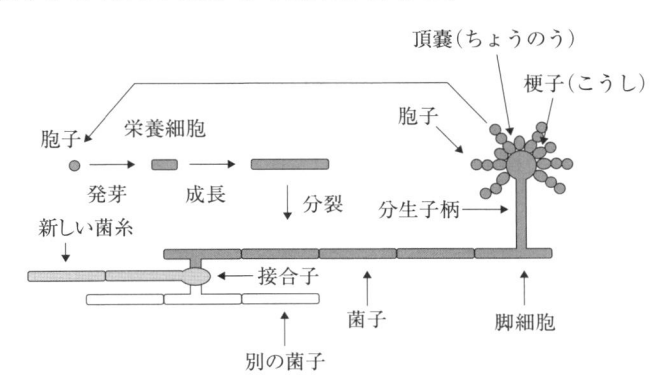

図3-10　かびの生活環（生活史，アスペルギルス属の例）

# 第4章 食品と微生物

## 1 食品の変質と腐敗

　食品はさまざまな要因で変化する。一般的に食品が変化し，ヒトにとって不利益な状況になることを変質と呼んでいる。変質により食品の安全性や栄養素量は低下し，食味にかかわる品質であるテクスチャや嗜好性なども変化する。そのなかでも，微生物の増殖により食品の成分が分解され，有害物質や不快臭のある物質などが生産されていて食用にならなくなる状態を腐敗と呼んでいる。腐敗では，食品中のたんぱく質や多糖，脂質の分解などが生じ，食品の軟化や液状化が進み，悪臭物質や有害物質が生成される。また，微生物それ自体の増殖や，微生物が生産する毒素による食中毒の発生等，安全性の低下にも繋がる。微生物による変化のうち，ヒトに有益な変化をする場合もあり，これは発酵と呼ばれている。発酵は，酒類やチーズ，みそなど多くの食品製造に利用されている。

　食品にかかわる微生物は，発酵のようにヒトがコントロールするものを除き，環境からの落下菌による汚染，器具や機械からの汚染，ヒトからの汚染，原材料からの汚染などにより食品や食品素材に付着する。付着後は保存温度や加熱，加工時間や包装などの環境により，増殖の状態が変化する。

### 1-1 ▶ 腐敗にかかわる微生物と食品

　食品には通常，$10^3 \sim 10^4$個/g程度の微生物が存在している。この微生物が$10^7 \sim 10^8$個/g程度まで増殖すると初期腐敗とされる。腐敗を起こしやすい菌は腐敗

表4-1　食品と腐敗菌

| 食品 | 汚染しやすい腐敗菌（属名） |
|---|---|
| 肉類 | *Achromobacter*, *Flavobacterium*, *Clostridium*, *Micrococcus*, *Pseudomonas*, *Streptococcus*, *Lactobacillus* |
| 魚介類 | *Achromobacter*, *Flavobacterium*, *Micrococcus*, *Pseudomonas* |
| 米飯 | *Bacillus* |
| パン | *Bacillus*，かび類 |
| 野菜 | *Bacillus*, *Clostridium*, *Pseudomonas*, *Streptococcus*, *Lactobacillus*，かび類，酵母 |
| 果実 | *Acetobacter*，かび類，酵母 |
| 牛乳 | *Bacillus*, *Clostridium*, *Pseudomonas*, *Streptococcus*, *Lactobacillus* |

菌と呼ばれ，表 4-1 に示したようにたんぱく質分解酵素活性の高い *Pseudomonas* や *Achromobacter*，たんぱく質分解酵素活性と炭水化物分解酵素がともに高い *Micrococcus* などが一般的に知られている。畜肉類ではこのほかに *Flavobacterium* が，魚介類では *Vibrio* や *Flavobacterium*，米飯および麺類では *Bacillus* が主な腐敗菌として知られている。

たとえば，畜肉である筋肉部分は本来無菌であるが，屠殺解体時に獣畜自身の腸内細菌，体毛や体表の常在細菌である *Pseudomonas* などの細菌類により汚染されやすい。その後，熟成などの冷蔵保存中に乳酸菌類が増加し，さらに保存期間が長くなると好気性菌によるアンモニア等の生成，嫌気性菌によるアミン類の生成などが認められるようになる。魚介類は畜肉に比べて筋肉組織が軟らかく水分が多いことに加え，内蔵の分離が不十分であることも多く，微生物が多数存在する。*Pseudomonas* や海洋性細菌である *Vibrio* 属に汚染されている場合が多く，店頭で販売される際には $10^6$〜$10^7$ 個/g にまで増殖している場合がある。

このほか，白米は通常 *Bacillus* のほかにかび類が合わせて $10^5$〜$10^6$ 個/g 付着している。炊飯によって耐熱性芽胞を有する *Bacillus* 以外はほとんど死滅するが，冷却とともに芽胞が発芽して増殖し，$10^8$ 個/g 程度になると腐敗が官能的にも認められるようになる。

## 1-2 ▶ 腐　敗

### ❶ 炭水化物

微生物や自己消化により炭水化物，特に多糖であるペクチンなどが分解されると，食品の軟化や液状化が生じやすくなる。穀類などのでんぷんが分解されても同様である。多糖の分解により生じる単糖やオリゴ糖は，微生物の炭素源として多糖よりも利用されやすいため，さらに微生物の増殖を促進することとなる。

### ❷ たんぱく質

炭水化物と同様，たんぱく質も微生物や自己消化により分解される。たんぱく質の分解によりアミノ酸やペプチドが生成する。これらはたんぱく質よりも微生物に利用されやすいため，たんぱく質の分解は微生物の増殖を促進することとなる。また，アミノ酸は脱アミノ反応や脱炭酸反応により，アンモニアのような悪臭物質や腐敗アミンのような有毒物質を生成するほか，各種の代謝によりさまざまな化合物を生成する。

① アンモニアの生成

図 4-1 のようにアミノ酸の脱アミノ反応によりアミンが脱離すると，アンモニアが生成される。アンモニアは悪臭源物質の一つで，刺激性を有し，食用に適さなくなる。

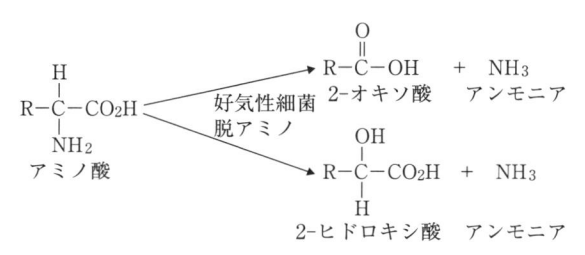

図 4-1　アミノ酸からのアンモニアの生成

### ② 腐敗アミンの生成

　アミノ酸は分子構造中にアミンとカルボン酸を有している。図 4-2 のように，脱炭酸反応によりカルボン酸がアミノ酸から抜けたものを腐敗アミンと呼ぶ。ヒスチジンから生成されるヒスタミンは，内臓筋の収縮や毛細血管の拡張などを生じ，腹痛，嘔吐，じんましんなどのアレルギー様症状を起こす。また，アルギニンから生成されるアグマチンも，ヒスタミンと協動してアレルギー様症状を発症させることが知られている。このほか，チロシンから生じるチラミンは血圧上昇作用を有する。また，リシンから生成するカタベリンは，腐敗臭の原因の一つであるとともに，ヒスタミンと協動して，アレルギー様症状を発症させることが知られている。

図 4-2　アミノ酸からの腐敗アミンの生成

### ③ 悪臭物質の生成

　構造中に硫黄（S）を含むアミノ酸であるシステインとメチオニンは含硫アミノ酸と呼ばれ，これらのアミノ酸が腐敗菌により分解されると硫化水素やメチルメルカプタンといった悪臭物質が生じる。
　また，トリプトファンも腐敗菌により分解代謝されるとインドールやスカトールが生成する。インドールやスカトールは糞便臭の原因物質として知られている。

### ④ トリメチルアミンの生成

　図 4-3 に示したように，魚中に存在するトリメチルアミンオキシドが還元されるとトリメチルアミンとなる。トリメチルアミンは魚の腐敗臭の原因の一つである。

図 4-3　トリメチルアミンオキシドからのトリメチルアミンの生成

### ❸ 毒素の生成

炭水化物やたんぱく質の分解などによるさまざまな化合物の生成とは別に，*Clostridium* や *Staphylococcus* などは増殖により毒素を生成することがある。これらの毒素が生成された場合は，食品は官能的に変化しないが，食中毒の原因となる。また，生成された毒素は耐熱性を有することも多く，通常の殺菌に用いられる加熱温度では失活しない場合もある。

## 2 食品の保存方法

食品に含まれる主要な成分である炭水化物やたんぱく質，脂質あるいはビタミン類，金属などは，ヒトの栄養素であるとともに微生物の栄養素でもある。すなわち食品はその成分的に，微生物に汚染された場合，微生物に良好な生育環境を提供することとなる。食品に付着した微生物は増殖し，食品は変質する。そのため，食品は適切な方法により保存しないと変質・腐敗する。

### 2-1 ▶ 水分活性を低下させる保存

古くから行われている乾燥や濃縮がこれに当たる。

水分活性（Aw）は，

$$Aw = P/P_0 = N/(N+n)$$

$P_0$：一定温度での純水の蒸気圧，$P$：同温度での食品の蒸気圧
$N$：水のモル数，$n$：溶質のモル数

としてあらわされ，食品では食品中の自由水の割合を示す値である。微生物が利用で

表 4-2 乾燥，濃縮の方法

| 名　称 | | 方　法 | 適応食品 |
|---|---|---|---|
| 常圧乾燥 | 自然乾燥 | 天日，風などの自然条件を利用する | 干ししいたけ，干し柿，かんぴょう，穀類，干し魚など |
| | 熱風乾燥 | 加熱空気を送り常圧で乾燥する | 乾燥果物，乾燥野菜，穀類など |
| | 噴霧乾燥 | 液体を微細な霧状にして熱風中に噴出させ，蒸発乾燥させる | 粉乳，クリーム，粉末果汁，インスタントコーヒー，各種抽出物など |
| 減圧乾燥 | 真空乾燥 | 食品の水を液体のまま減圧下で乾燥させる | 果汁，みそ，調味料など |
| | 真空凍結乾燥 | 食品を凍結させ，高真空中で水を氷の状態から昇華させて乾燥させる。乾燥品の形，色，味，香気等の変化が少なく，復元性がよい。フリーズドライ食品と呼ばれる | 乾燥野菜，インスタントコーヒー，粉末みそ，各種抽出物など |
| その他 | | 加圧乾燥，赤外線，マイクロ波など | |

きる水は自由水だけであることから，微生物の代謝や増殖には食品中に含まれる総水分量よりも自由水の割合の方が重要となる。そのため，Aw が 1.0 に近いほど食品は変質しやすく，一般に Aw が 0.9 以上の食品の保存性は非常に悪い。一般的な細菌は Aw 0.85 以上，酵母は Aw 0.8 以上，かびは Aw 0.7 以上で生育が可能である。食品の Aw が 0.6 を下回ると，微生物の増殖はほとんど認められないとされている。

乾燥や濃縮は食品中の自由水を食品外に取り除くことによって水分活性を下げ，食品の保存性を向上させる。乾燥や濃縮の方法には表 4-2 のように多くの方法があり，食品の性質によって使用する方法を使い分けている。

## 2-2 ▶ 水分活性の低下と浸透圧の上昇による保存

塩漬（塩蔵）と砂糖漬（糖蔵）がこれにあたる。どちらも食品に添加することにより結合水を増加させ水分活性を低下させるとともに，浸透圧を増加させて細胞内を脱水し，微生物の成育阻害を示す。NaCl を食品に添加した場合，一般的に細菌類は 7～10％で，酵母は 10％程度で，かびは 13～15％で生育を阻害される。しかし食塩が存在しても生育する耐浸透圧性の微生物や，ある程度の食塩が存在しないと生育しない好浸透圧性の微生物も存在する。そのため，それらの微生物により食品が汚染され，変質・腐敗することもある。

## 2-3 ▶ pH の低下による保存

酢漬（ピクルス）や漬物の一部がこれにあたる。一般に食品の pH は中性ないし弱酸性のものが多い。同様に腐敗等にかかわる細菌の増殖に最適な pH は 7.0 付近であり，かびや酵母では pH4.0～6.0 程度である。また，pH に対する微生物の耐性は細菌で pH3.5～9.5 程度，酵母で pH4.0～7.5 程度，かびで pH2.0～8.5 程度である。そのため pH を中性域よりも酸性に，もしくは塩基性にすることにより微生物の生育を抑制できる。しかし，塩基性側では褐変が促進される傾向にあることから，酸性域による保存が行われている。しかし，一部の微生物では，pH1.0 以下や pH13.0 以上でも生育可能なことが知られている。

## 2-4 ▶ 低温による保存

冷蔵，半凍結，冷凍がこれにあたる。表 4-3 に示したように，温度は食品の保存に大きな影響を与える。これは腐敗菌の多くは中温性菌で 30～35℃の温度域での増殖が速いからばかりでなく，温度が上昇すると化学的，物理的，酵素的な反応速度も速くなるためである。0～40℃程度の一般的な温度帯では，温度が 10℃上昇するとさまざまな反応速度が 2～3 倍上昇する（$Q_{10}=2～3$）。そのため食品の温度を下げると，微生物の生育ばかりでなく，代謝速度，呼吸率，化学的な劣化速度も抑制される。

表 4-3 食品の保存期間と温度

| 食品 | 保存期間 | 冷蔵（10〜2℃） | 半凍結（2〜-2℃） | 冷凍（-18℃以下） |
|---|---|---|---|---|
| 肉 | 1週間未満 | 鶏, 豚, 牛ほか | | |
| | 4〜6か月 | | | 豚 |
| | 6〜12か月 | | | 鶏, 牛, 羊 |
| 果実 | 1週間〜1か月 | メロン | いちご, もも, プラム | |
| | 1〜2か月 | グレープフルーツ | ぶどう, オレンジジュース | |
| | 2〜4か月 | レモン | オレンジ | |
| | 6〜12か月 | | | 果実類 |
| 乳製品 | 24時間 | | 牛乳 | |
| | 1〜2か月 | | 乾燥前粉乳 | |
| | 4〜6か月 | | | アイスクリーム |

## ❶ 冷 蔵

一般的には生鮮食料品や加工食品を10〜0℃で保存する。多くの微生物の増殖は抑制されるが、低温性菌の増殖が生じる場合がある。一般的に温度を1℃低くすると1日以上腐敗を遅らせることができるが、野菜や果実類をある温度以下にすると代謝異常を起こし、顕著な品質低下が見られるようになる。この現象を低温障害という。低温障害には果皮や果肉の褐変、ピッティング（組織の陥没）、軟化、追熟不良などがあげられる。

## ❷ 半凍結

冷蔵よりも低い1〜-5℃で保存する方法である。一般的に0℃で14日間保存できる食品は-3℃では1か月程度保存可能で、商品のシェルフライフ（棚寿命、販売寿命）を冷蔵の1.5〜2倍に伸長することができる。表4-4に示したように温度帯によってチルド、氷温、パーシャルフリージングの3つに区分されている。このなかで、パーシャルフリージング（PF貯蔵）は魚類の保存に利用されている。食品中の20〜50％程度の水が凍結することにより、冷蔵保存より鮮度保持にすぐれ、耐凍性の低い細菌類は死滅し、一時的に生菌数も減少するので、魚類のような微生物数の多い食品の短期間の保存に有効である。

表 4-4 半凍結の名称と温度帯

| 名 称 | 温度域 | 実質温度 |
|---|---|---|
| チルド | 5〜-5℃（国際規格 1〜-1℃） | 0℃ |
| 氷温 | 0〜食品の氷結温度（-2〜-3℃） | -1℃ |
| パーシャルフリージング | -2〜-5℃ | -3℃ |

### ❸ 凍　結

−18℃以下の温度で保存する方法である。適切な品質管理を行えば，1年以上の長期間にわたる保存が可能である。食品を冷却して氷結晶ができはじめる温度を氷結点といい，最大氷結晶生成帯（氷結点〜−5℃）は最も結晶が多く生成する温度範囲となる。ここを30分以内に通過すると微細な氷結晶が組織内に均一に生じて，食品の品質を大きく落とすことなく保存可能である。長期保存中の水分の昇華による冷凍食品表面の脱水損傷（冷凍焼け）を防ぐには，冷凍食品の全表面にグレーズ（薄い氷膜）を付着させたり，水蒸気（水分）透過性の低い包装容器を用いたりする。冷凍食品は−18℃以下で流通する食品であり，製造から流通，消費に至るまで冷凍状態を保持する必要がある。

## 2-5 ▶ 燻　煙

燻煙品がこれにあたる。いかやたこなどの海産物，ハム，ベーコンなどの畜産物やチーズなどの食品を，サクラなどのチップ（木片）を不完全燃焼させることによって生じる煙でいぶして保存性を向上させる方法である。表4-5のように冷燻，温燻，熱燻などの方法があり，最終食品の水分量や保存性が異なる。燻煙による保存効果は，燻煙に先立って行われる塩漬や燻煙による乾燥（水分活性の低下）と，煙中のアルデヒド類，アルコール類，ケトン類，フェノール類などの抗菌性や静菌性による。

表 4-5　燻煙の種類

| 名　称 | 条　件 | 特　徴 | 食　品 |
|---|---|---|---|
| 冷燻法 | 塩漬した食品を15〜20℃で1〜3週間燻煙 | 水分が40%程度となり保存性が高い | さけ，にしん，ハム，ソーセージなどの伝統的食品 |
| 温燻法 | 調味液に漬け，50〜80℃で2〜12時間程度燻煙 | 水分は50〜60%。香味はよいが保存性は冷燻法に劣る | ハム，ソーセージなどの製造 |
| 熱燻法 | 120〜130℃で2〜4時間燻煙 | 風味付けに利用 | |

## 2-6 ▶ 殺菌・滅菌・除菌

レトルト食品や缶詰，牛乳などがこれにあたる。主に加熱，紫外線，放射線，フィルターなどを用いて，微生物を殺菌・滅菌・除菌して保存性を向上させる方法である。

加熱によりたんぱく質は不可逆的に変性し，微生物は損傷を受けて増殖できなくなる。これを用いて保存性を向上させるのが加熱殺菌であり，最も一般的に利用されている殺菌方法である。牛乳では，低温殺菌（LTLT法，60〜80℃，30分），高温短時間殺菌（HTST法，72〜75℃，15秒），超高温殺菌（UHT法，120〜150℃，1〜5秒）などが行われている。レトルト食品では，レトルト殺菌（120℃，30〜60分），

ハイレトルト殺菌（135℃，8分），ウルトラレトルト殺菌（150℃，2分）などが行われている。

　紫外線はDNAに損傷を与えることなどにより，微生物の増殖を抑制する。しかし，紫外線は食品内部には透過しないため，設備などの表面殺菌に用いられることが多い。

　放射線は紫外線同様にDNAなどに損傷をあたえ，微生物の増殖を抑制する。放射線は紫外線と異なり透過性が高いため，食品内部の殺菌が可能である。しかしわが国では，食品に対しては，じゃがいもの発芽防止のみに許可されている。食品以外では，プラスチック製のシャーレやピペット，注射筒などの滅菌にガンマ線照射が多く利用されている。

　除菌は，微生物よりも小さな孔を有する膜などによって食品をろ過することにより，微生物を取り除く方法である。ビールや清酒，清涼飲料などの液体の食品で多く使われている。

　殺菌・除菌の詳細は，第10章1節（p.110），第12章1節（p.136）を参照のこと。

## 2-7 ▶添加物

　食品に適当な化学物質を添加することにより保存性を高める方法である。代表的な添加物と名称および目的を表4-6に示した。保存料や殺菌料，酸化防止剤，防かび剤などが食品添加物として定められている。これらは食品に残留するため，食品衛生法により使用可能な薬剤，食品の種類，残留濃度等の使用基準が定められている。

　殺菌料である過酸化水素や次亜塩素酸ナトリウムなどは，製品製造や加工の段階では使用可能であるが，最終製品には含まれない加工助剤としての使用のみが認められ

表4-6　食品の保存に利用される化学物質

| 種類 | 化学物質 | 作用 |
| --- | --- | --- |
| 保存料 | 安息香酸，安息香酸ナトリウム，パラオキシ安息香酸エステル，ソルビン酸，ソルビン酸ナトリウム，プロピオン酸，プロピオン酸ナトリウム，プロピオン酸カリウム，デヒドロ酢酸ナトリウム，しらこたんぱく質，ヒノキチオール　など | 腐敗までの時間を遅らせる |
| 防かび剤 | ジフェニル，チアゾベンダゾール，オルトフェニルフェノール，イマザリル　など | かびの生育を防ぎ，かび毒の発生を防止する |
| 酸化防止剤 | ビタミンC，エリトルビン酸，ジブチルヒドロキシトルエン（BHT），$\alpha$-トコフェロール，緑茶抽出物，コーヒー抽出物，ローズマリー抽出物　など | 酸化を抑制する |
| 日持向上剤 | エタノール，酢酸ナトリウム，キトサン，乳酸ナトリウム，グリシン　など | 腐敗までの時間を遅らせるが，保存料に比べ効力は弱い |

ている。また近年，これらの範疇に入らない日持向上剤の使用が増加している。日持向上剤は，エタノールやグリシン（アミノ酸），キトサンなどのように数日程度の短期間だけの品質保持を目的として使用されるもので，食品成分である場合が多い。また，国の定めた名称ではないため，物質名のみで表示されることが多い。

## ③ コールドチェーンと食品流通

　コールドチェーンとは，低温流通体系とも呼ばれ，生産・製造・出荷，輸送，保管，消費の全行程において，食品を冷蔵やチルド，冷凍などの低温状態で流通させる方法である。製造工場などで冷却された食品は，低温倉庫で保管され，輸送も冷蔵・冷凍装置をもつトラックや船舶などにより行われる。末端の店舗においても冷蔵庫や冷凍庫を利用して，食品は低温の状態を保持される。これによって，生鮮食品などは，広域流通や長期保存が可能となり，生産量の変化や季節にかかわらず，安定的な価格で供給可能となった。冷凍食品などは製造後，－18℃以下で凍結を保持した状態で保管，輸送，販売されなければならない。

　流通過程で低温の保持が途切れた場合，特に冷凍では，食品の溶解と再凍結による品質低下が生じる。冷凍品は，商品製造時には急速凍結によって氷の成長を抑制しながら凍結した商品となる。しかし流通過程で溶解と再凍結が生じた場合，再凍結は緩慢凍結となり，氷の成長による食品組織の破壊が生じ，ドリップと呼ばれる離水の増加や組織のスポンジ化などが生じ，風味が著しく低下する。また，低温の保持が長時間途切れた場合には，微生物の増殖による腐敗が生じやすくなるとともに，食中毒の危険性が増大する。しかし，低温保持が途切れた場合でも，店舗に保管された時点で凍結状態となっていると，途切れは通常認識できない。このため，近年では小型の連続的温度測定記録器（データロガー）などを用いて，流通過程における低温保持の確実性を検証することも行われている。

### コラム　紅茶

　茶の木の葉（新芽，茎なども含む）を積み，発酵させずに加工したものが一般的に緑茶，発酵させたのち加工したものが一般的に紅茶になるであろう。発酵といっても，茶葉は，自身のもつ酵素で発酵が進むので，微生物が関与するものではない。葉を摘んだあと，「炒る」「蒸す」などの工程を行い，酵素を失活させて発酵を止め，品質を安定させる。発酵の程度により，緑茶，青茶，紅茶などに分類される（正確には，緑，白，黄，青，紅の順）。製品になった時点での茶葉の色によるおおよその分類であるが，半発酵茶といわれる烏龍茶でも幅が広く，鉄観音は紅茶に近い色のものを見ることが多く，凍頂は緑から青みがかったものをよく見るように思う。長期保存して，微生物により発酵させた茶も存在する。黒茶と呼ばれるものがそれで，普洱茶（プーアール茶，ボーレイ茶）が代表的であろう。

　子どもの頃，「紅茶も緑茶も同じものだが（ここまでは良いとして），日本は中国から近いため新鮮な緑茶のまま伝わり，英国では船で赤道を2回通過するのでこの間に発酵して紅茶になって伝わった」と聞き，「なるほど」と思っていた。恥ずかしい話であるが，これが嘘と知ったのは，10年ほど前，烏龍茶にハマり，茶の起源などを調べたときであった。

（岩田建）

### コラム　魚しょうゆ

　魚しょうゆは魚介類に多量の食塩を添加して漬け込み熟成させた調味料であり，現在の一般的調味料であるしょうゆやみそのように，米や大豆などの植物原料に麹菌を使って分解する製造法以前から，家庭で調味料として利用されてきた。日本では主に秋田の「しょっつる」や石川（能登）の「いしる」，香川の「いかなごしょうゆ」が日本3大魚しょうゆとして有名であり，最近は麺つゆやたれの隠し味，エスニック料理の流行により需要が増えている。

　魚しょうゆは，原理的には塩辛と同じような製造法であるが，一般に塩辛より塩分濃度が低いためか，酵母や細菌による発酵作用を多く受けている。腐敗菌の繁殖を抑え，熟成後期に繁殖する有用微生物によって，旨味成分や香気成分が生成される。　（谷口亜樹子）

### コラム　なれずし

　なれずしは，魚肉を塩漬けし，米飯と混ぜて乳酸発酵させたもので，「いずし」とも呼ばれる。乳酸発酵により，pHが低下し雑菌を抑えて，たんぱく質の分解が進み，アミノ酸などの旨味成分が増加する。現在の一般にいう「すし」は酢飯を使用するが，なれずしは発酵により生じる酸味を利用したもので，すしの原型ともいわれている。滋賀のフナずし，和歌山のサバずし，アユずし，秋田のハタハタずし，北海道のサケずしなどが有名である。また，なれずしは，日本だけでなく，フィリピン，ボルネオ，タイ，台湾などの東南アジアでもつくられている。

（谷口亜樹子）

# 第5章

# 発酵食品

　発酵食品は植物または動物性の原料を用い，かび，細菌，酵母などの微生物を利用して成分を変化させ，独特な風味を付与した食品をいう。発酵食品には，清酒，ビール，ワインなどの酒類，みそ，しょうゆ，納豆などの大豆発酵食品，チーズ，ヨーグルト，乳飲料などの乳製品，その他として食酢，漬物などがある。

## 1　酒類（アルコール飲料）

　酒類は，酒税法で「アルコール分1度以上を含有する飲料」をいう。製造法により，醸造酒，蒸留酒，混成酒に分類される（表5-1）。発酵形式は，アルコール発酵工程のみの単発酵酒と，原料の穀類等のでんぷんを糖化させたあと，アルコール発酵を行う複発酵酒がある（表5-2）。

表5-1　醸造酒，蒸留酒，混成酒の特徴

| | |
|---|---|
| 醸造酒 | アルコール発酵液をそのまま，またはろ過したアルコール発酵液をいい，アルコール含量は一般に低く，エキス分（糖類，不揮発性成分）が多い。 |
| 蒸留酒 | 醸造酒を蒸留しアルコール濃度の高い酒類をいう。アルコール度数は通常20～45％で，60％以上のものもある。エキス分が少なく独特の香気をもつ。 |
| 混成酒 | 醸造酒や蒸留酒に植物の根，茎，子実，果皮や甘味料，香料，色素などを加えてつくり，再成酒ともいう。 |

表5-2　酒類の分類

| 製造法 | 名　称 | 発酵形式 | 原　料 |
|---|---|---|---|
| 醸造酒 | 清　酒 | 並行複発酵 | 米，米麹，水 |
| | 紹興酒 | | 米，雑穀，麦麹，酒薬，水 |
| | ビール | 単行複発酵 | 麦芽，ホップ，水 |
| | ワイン | 単発酵 | ぶどう果 |
| 蒸留酒 | ウイスキー | 単行複発酵 | 麦芽（大麦，とうもろこし，ライ麦），水 |
| | ウオッカ | | 麦芽，小麦（ライ麦，大麦），じゃがいも，水 |
| | ジン | | 麦芽，大麦，とうもろこし（ライ麦），水，杜松子 |
| | テキーラ | | リュウゼツランの茎，水 |
| | 焼酎　甲<br>　　　　乙 | 並行複発酵 | 糖蜜，麹（米，麦，雑穀），水<br>麹（さつまいも，米，麦，その他），水 |
| | ブランデー | 単発酵 | ぶどう果 |
| 混成酒 | みりん | | 米麹，もち米，焼酎，水 |
| | リキュール | | アルコール，糖，果実（草木） |

## 1-1 ▶ 醸造酒

### ❶ 清酒（日本酒）

　清酒は原料の米に含まれるでんぷんを麹菌のアミラーゼにより糖化させ，同時に酵母によりアルコール発酵を進行させて製造する並行複発酵酒である。原料米と製造法の違いから，原酒，本醸造酒，純米酒，吟醸酒などの種類がある。清酒は蒸した精白米に麹菌を接種して米麹をつくり，これに蒸米，水，酵母を加えて，酒母（酛）をつくる。酒母は乳酸を乳酸菌で生成させる生酛系酒母（山卸廃止酛）と，乳酸を添加する速醸系酒母（速醸酛）に分けられる。

　生酛系酒母は乳酸を添加しないので，硝酸還元菌や乳酸菌が順次活動する（図5-1）。さらに米麹，蒸米，水，酒母を添加してもろみをつくる。麹，蒸米の添加を3回に分けて行い（3段仕込：初添，仲添，留添），約20日間発酵してもろみを熟成させ，圧搾，沈殿除去（おり引き）し，ろ過したものが生酒であり，火入れ（65℃）により加熱殺菌したものを製品とする。アルコール度数は15〜16.5％で，グルコース，マルトースなどの糖類，乳酸，コハク酸，リンゴ酸などの有機酸，各種アミノ酸が旨味や香りを形成している。清酒の製造法を図5-2に示す。

　清酒と中国酒（白酒：パイチュウ）の製造の大きな違いは麹である。清酒はばら麹に対し，中国酒は麹子（きょくし）と呼ばれる餅麹を用いる。麹子は高粱（こうりゃん）のほか，小麦，とうもろこし，キビ，大麦などの穀類の粉を水で練ってレンガ状の塊にし，これに麹菌を繁殖させる。麹菌の種類は異なり，清酒は *Aspergillus oryzae* に対し，中国酒は *Rhizopus* 属，*Mucor* 属を用いる。

　清酒製造における麹の役割を表5-3に，清酒に関与する主な微生物を表5-4にまとめた。

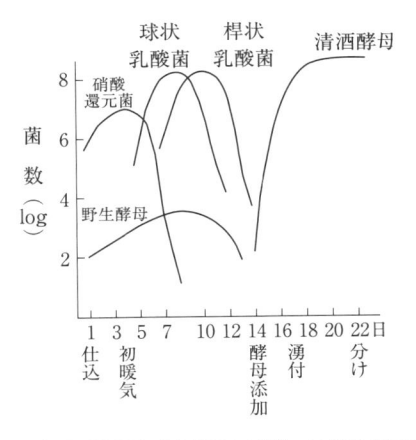

図5-1　生酛系酒母（山卸廃止酛）の微生物の消長
出典：野白喜久雄ほか編『改訂醸造学』講談社，1993，p.59

図 5-2 清酒の製造法

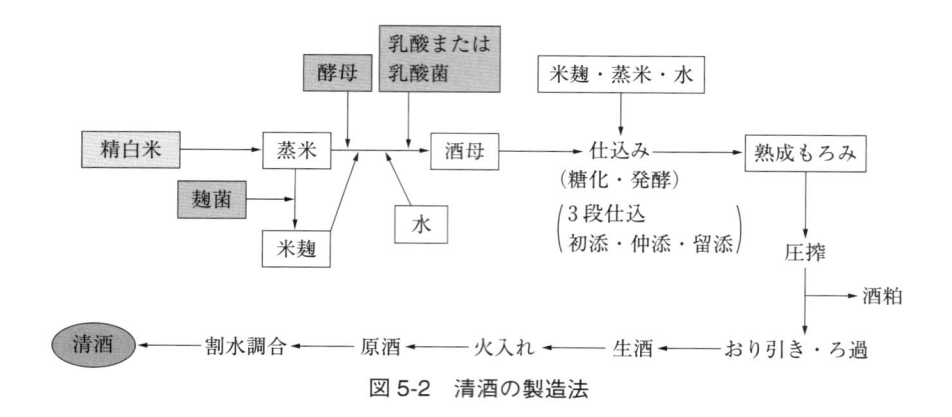

表 5-3 麹の役割

1. 米の溶解糖化を行うアミラーゼなどの酵素を生産し，酵母によるアルコール発酵のもととなる糖分を供給する。
2. 清酒酵母の増殖，発酵に必要な栄養素であるアミノ酸，ビタミン類，無機質などを供給する。
3. 麹菌の代謝生産物により，清酒独特の風味を供給する。

表 5-4 清酒の主な微生物

| 麹 菌 | *Aspergillus oryzae* |
|---|---|
| 酵 母 | *Saccharomyces cerevisiae*, *S. sake* |
| 乳酸菌 | *Leuconostoc mesenteroides*（球菌），*Lactobacillus sake*（桿菌） |
| 硝酸還元菌 | *Pseudomonas*, *Aerobacter*, *Achromobacter* |

## ❷ ビール

　ビールは，大麦麦芽アミラーゼにより原料のでんぷんを糖化して麦汁をつくり，ホップを加え，酵母によりアルコール発酵し炭酸ガスを含んだ単行複発酵酒である。アルコール度数は 4 ～ 8 ％で，発酵は 5 ～ 10 ℃で 8 ～ 12 日間行われる主発酵と，0 ～ 5 ℃で 2 ～ 3 か月行う後発酵がある。後発酵したビールを除菌ろ過し，無菌的に容器に充填したものが生ビール（ドラフトビール）で，通常は加熱殺菌して容器に充填したものを製品にする。ラガー（ドイツ語で貯蔵）とは貯蔵工程で熟成させたビールである。

　酵母により上面発酵ビールと下面発酵ビールがあり，酵母は *Saccharomyces cerevisiae* が用いられる。上面発酵ビールはイギリスビールで，発酵終期に炭酸ガスの気泡とともに酵母が浮上し，アルコール度数が高く，色が濃い。下面発酵ビールは日本やドイツなど世界で多く生産されているビールで，発酵終期に酵母は沈殿し，色が淡く，すっきりした味である。ビールの特有の苦味と香りはホップの主成分であるルプリンやイソフムロン（フムロンの分解物）で，ホップは清澄作用や防腐作用がある。ビールの製造法を図 5-3 に示す。

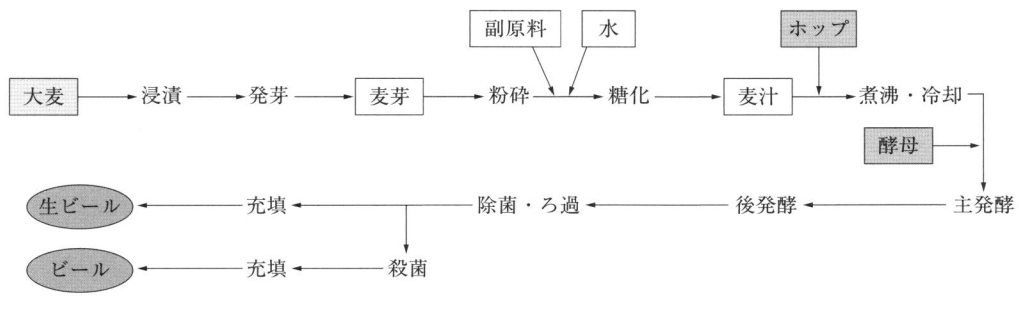

図5-3 ビールの製造法

## ❸ 果実酒

　ワインは，ぶどう果汁中の糖質を酵母によりアルコール発酵させてできる単発酵酒である。昔はぶどう果皮に付着している野生酵母の自然発酵による製造法であったが，現在では純粋培養の酵母を使用し，亜硫酸カリウム（メタ重亜硫酸カリウム：$K_2S_2O_5$）を加えて野生酵母を抑制している。亜硫酸カリウムは野生微生物（酢酸菌，乳酸菌などの腐敗菌）の繁殖抑制のほか，酸化防止，色素安定化，清澄効果に役立っている。

　赤ワインは赤色，黒色系ぶどうを原料とし，果肉，果皮，種子を含んだまま発酵，熟成させたもので，果皮の色，タンニン類が溶出している。白ワインは緑色，赤系のぶどうを原料とし，果皮，種子を除いた搾汁液を発酵させてつくる。ロゼワインはピンク色のワインで，赤ワイン用ぶどう品種で仕込んだ後，色素抽出の少ない時期に圧搾後，発酵してつくる。スパークリングワインは炭酸ガスが溶け込んだワインで，代表的なのはシャンパンが有名である。ワインの製造法を図5-4に示す。また，ワインに関与する微生物を表5-5に示す。

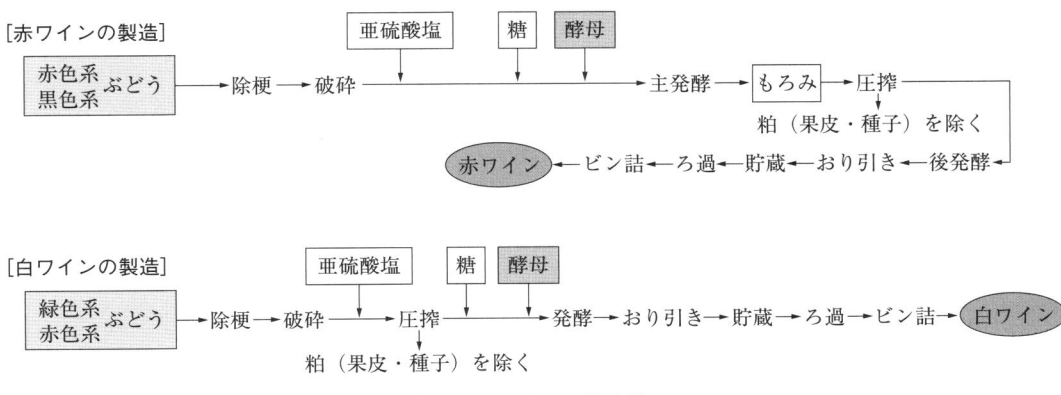

図5-4 ワインの製造法

表 5-5　ワインに関与する微生物

| | |
|---|---|
| ワイン酵母 | *Sacchromyces cerevisiae*（$SO_2$耐性），*S. ellipsoideus*, *S. oviformis*, *S. boyanus*, *Kloeckera apiculata*, *Candida valida*, *C. krusei*, *Pichia membranaefaciens*, *Hanseniaspora uvarum* |
| シェリー酒酵母 | *Sacchromyces oviformis*, *S. boyanus* |
| 貴腐ワイン不完全菌 | *Botrytis cinerea* |

## 1-2 ▶蒸留酒

### ❶ ブランデー

　白ワインなどの果実酒やワインの搾りかすなどの蒸留液を樫樽に詰め，4～5年熟成して得られる蒸留酒で，アルコール度数は37～45％である。熟成中，独特な芳香が付与され，色調は琥珀色に変わる。香気成分はエステル類や高級アルコールである。

### ❷ ウイスキー

　原料に大麦麦芽のみを使うモルトウイスキー（スコッチウイスキー）と，大麦以外の穀類（とうもろこし，ライ麦など）のでんぷんを用いるグレーンウイスキー（バーボンウイスキー）がある。穀類の原料を糖化，アルコール発酵を行い，発酵液を蒸留して樽貯蔵，熟成させたものである。アルコール度数は37～45％である。香気成分はエステル類，プロパノール，高級アルコールなど300種以上からなる。

### ❸ 焼　酎

　日本独自の蒸留酒で，甲類と乙類がある。甲類焼酎（新式焼酎，ホワイトリカー）は連続式蒸留焼酎で，糖蜜などをアルコール発酵させ，もろみを連続式蒸留し，得られる高純度のアルコール（アルコール濃度95％）をアルコール濃度20～35％に調製したもので，風味は淡白である。乙類焼酎（本格焼酎）は単式蒸留焼酎で，穀類（米，麦，そばなど），いも類（さつまいもなど）などの糖質原料を麹で糖化，アルコール発酵させ，もろみを単式蒸留したもので，アルコール濃度は20～45％，原料特有の香気をもつ。焼酎に使用する麹菌を表5-6に示す。

表 5-6　焼酎に使用する麹菌

| | |
|---|---|
| 麹　菌 | *Aspergillus awamori*, *A. usamii*, *A. kawachii* |
| 酵　母 | *Saccharomyces cerevisiae* |

## 1-3 ▶混成酒

### ❶ みりん

　みりんは主に調味料用の本みりんと飲料用の本直しがある。酒税法で酒類として扱われる。本みりんは蒸したもち米と米麹に焼酎またはアルコールを加え，糖化熟成した後に圧搾，ろ過したもので，アルコール度数は約14％，糖度は約40％である。本直しは本みりんの熟成する前に，焼酎やアルコールを加えて，アルコール濃度を22％以上にしたもので，糖度は約8％で甘味は薄められている。神酒の白酒は，みりんのもろみをすりつぶしたもので，アルコール度数は約7％である。麹菌は主にアルコール耐性の強い *Aspergillus oryzae* が用いられる。本みりんの製造法を図5-5に示す。

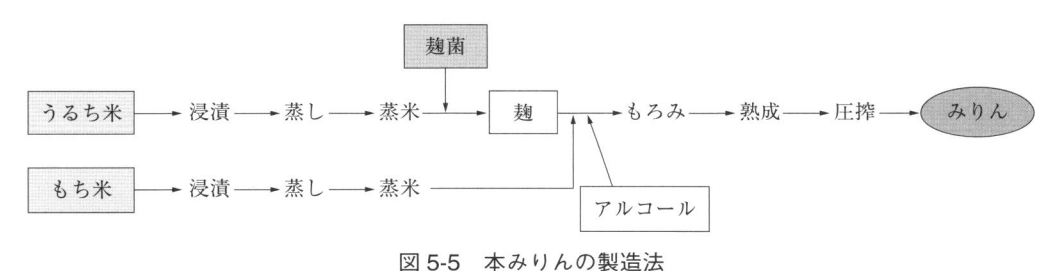

図5-5　本みりんの製造法

### ❷ リキュール

　醸造酒や蒸留酒に植物の花，根，茎，葉，果実や香料などを浸漬して，味，色，香り，有効成分を抽出し調製した酒である。食前酒，食後酒，薬酒，製菓用酒などがあり，キュラソー，ベルモット，ペパーミント，梅酒，まむし酒など多種である。

## 2　大豆発酵食品

　大豆発酵食品の代表的なものとして，みそ，しょうゆがあり，そのほかに納豆，テンペなどがある。

### 2-1 ▶み　そ

　みそは蒸した大豆に麹と食塩を加え，発酵，熟成させた，わが国の伝統的大豆発酵食品で，各地方の産物，気候風土，食習慣によって多種の製品がつくられている。
　みそは利用目的により，調味料として用いる普通みそと副食に用いるなめみそなどの加工みそに大別される。普通みそは麹の原料，食塩含量，色調，形状によって区分

される。麹の原料により米みそ，麦みそ，豆みそに分類でき，塩加減により，甘口，辛口と区分し，色調によって白，赤，淡色と分けることができる。みそは産地により銘柄があり，主な分類を表 5-7 に示す。みその風味は原料大豆の割合が多いと旨味が強く，米または麦が多いと甘味が強くなり，食塩が多くなると貯蔵性がよくなる。

みそは米，麦または大豆で麹をつくり，これに食塩を混ぜ，蒸した大豆とよく混合して発酵させ，2～3 か月または長期で 2 年以上熟成させ製造する。米みその製造法を図 5-6 に示す。

発酵，熟成中には酵母や乳酸菌などが増殖する。麹菌はアミラーゼやプロテアーゼを産生し，原料のでんぷんやたんぱく質を加水分解して，糖質やアミノ酸を生成する。

表 5-7 みその分類

| みそ | 原料による分類 | 味や色による分類 | | 主な銘柄 | 産　地 | 麹歩合[1] | 食塩(%) | 醸造期間 |
|---|---|---|---|---|---|---|---|---|
| 普通みそ | 米みそ | 甘みそ | 白 | 白みそ<br>京風白みそ | 近畿各府県と岡山，広島，香川 | 15～30 | 5～7 | 5～20 日 |
| | | | 赤 | 江戸みそ | 東京 | 12～20 | 5～7 | 5～20 日 |
| | | 甘口みそ | 淡色 | 相白みそ<br>中甘みそ | 静岡，九州地方 | 8～15 | 7～12 | 5～20 日 |
| | | | 赤 | 中みそ | 徳島，その他 | 10～15 | 11～13 | 3～6 か月 |
| | | 辛口みそ | 淡色 | 信州みそ | 関東甲信越，北陸，その他全国に分布 | 5～10 | 11～13 | 2～6 か月 |
| | | | 赤 | 仙台みそ<br>赤みそ | 関東甲信越，東北，北海道，その他 | 5～10 | 11～13 | 3～12 か月 |
| | 麦みそ | 甘口みそ | | 麦みそ | 九州，四国，中国地方 | 15～25 | 9～11 | 1～3 か月 |
| | | 辛口みそ | | 麦みそ<br>田舎みそ | 九州，四国，中国，関東地方 | 8～15 | 11～13 | 3～12 か月 |
| | 豆みそ | | | 豆みそ<br>八丁みそ<br>たまりみそ | 中京地方（愛知，三重，岐阜） | （全量） | 10～20 | 5～20 か月 |
| 加工みそ | 醸造なめみそ……金（径）山寺みそ，醤，浜納豆，寺納豆など<br>加工なめみそ……鯛みそ，鳥みそ，柚子みそ，そばみそ，山椒みそ，かつおみそなど | | | | | | | |

1）麹歩合：大豆に対する麹の割合，麹歩合が高いほど甘口みそになる

$$麹歩合 = \frac{米または麦の重量}{大豆の重量} \times 100$$

出典：筒井知巳編『食品加工及び実習』樹村房，2002，p.105

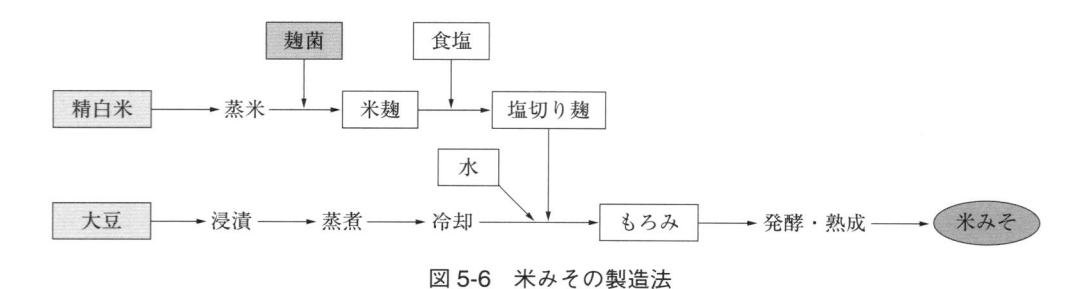

図 5-6　米みその製造法

酵母はアルコールを産生し香気成分を生成し，乳酸菌は乳酸を産生し，原料臭の除去や酸味に関与している．みそ製造に関与する微生物を表 5-8 に示す．

表 5-8　みそ製造に関与する微生物

| 麹菌 | Aspergillus oryzae |
|---|---|
| 酵母 | Zygosaccharomyces rouxii, Candida versatilis, Saccharomyces cerevisiae |
| 乳酸菌 | Tetragenococcus halophilus |

加工みそは，醸造によって調製される醸造なめみそと，普通のみそに獣鳥魚介肉や野菜，砂糖，調味料，香辛料などを加えた加工なめみそに分けられる．醸造なめみそは金山寺みそなどがあり，加工なめみそは鯛みそ，山椒みそ，柚子みそなどがある．

## 2-2 ▶ しょうゆ

しょうゆはみそと同様，日本の代表的な大豆発酵食品である．JAS 法による製造方法は本醸造方式，混合醸造方式，混合方式があり，80％以上が本醸造方式で製造されている．本醸造方式は，一般に蒸煮した脱脂大豆，炒って割砕した小麦と合わせて麹を製造し，食塩水とともに発酵，約 1 年熟成させ，そのもろみを圧搾し，火入れをしてしょうゆとする．

麹菌，酵母，乳酸菌の発酵，熟成により製造される．麹菌のアミラーゼやプロテアーゼにより，原料のでんぷんやたんぱく質を加水分解し，糖質やアミノ酸を生成し甘味や旨味が形成される．乳酸菌によりもろみの pH が 5.5 付近になると，酵母の発酵が盛んとなり，香気成分のアルコール類やエステル類などを産生する．アミノ・カルボニル反応が起こり，着色，香気成分が生成する．しょうゆ製造に関与する微生物を表 5-9 に示す．

表 5-9　しょうゆ製造に関与する微生物

| 麹菌 | Aspergillus sojae, A. oryzae |
|---|---|
| 酵母 | Zygosaccharomyces rouxii（主発酵）<br>Candida versatilis, C. etchellsii（後期），C. versatills |
| 乳酸菌 | Tetragenococcus halophilus |

しょうゆは日本農林規格（JAS）によって，定義から規格，表示まで定められており，種類は，こいくちしょうゆ，うすくちしょうゆ，たまりしょうゆ，さいしこみしょうゆ，しろしょうゆからなる（表 5-10）．

しょうゆは塩味を与え，各種アミノ酸の旨味を主体とする複雑な味を与える．しょうゆに含まれる糖や有機酸も味に関与し，そのほかアルコール類，エステル類などの芳香成分があるが，これは原料，麹菌の酵素のはたらき，もろみ中の乳酸菌，酵母に由来する．

表5-10　日本農林規格（JAS）によるしょうゆの種類

| 種類 | 説明 |
|---|---|
| こいくちしょうゆ<br>塩分濃度：16～18% | 一般的なしょうゆで，大豆，小麦をほぼ等量に用い，消費量の約80%を占める。色は明るい赤褐色である。 |
| うすくちしょうゆ<br>塩分濃度：18～19% | 淡色のしょうゆで，もろみの塩分濃度を高く醸造期間を短くし，火入れ時の過熱を避け，全工程で色を抑えて製造する。 |
| たまりしょうゆ<br>塩分濃度：12～13% | 大豆と食塩水でつくる。色は黒く，味は濃厚で照り焼，煮物，せんべいに適し，愛知，岐阜，三重県でつくられる。 |
| さいしこみしょうゆ<br>塩分濃度：11～13% | 仕込みの食塩水のかわりに生揚げしょうゆを用い，仕込みを二度繰り返す。色も成分も濃厚で，蒲焼のたれ，さしみに用いられる。中国地方，山陰地方を中心に生産される。<br>＊生揚げしょうゆ：しょうゆ麹に食塩水を加えたもろみを発酵熟成させ搾ったもので，酵母や酵素がはたらく状態で，火入れしない。生しょうゆともいう。 |
| しろしょうゆ<br>塩分濃度：13～14% | 原料は小麦が多く，色は薄く，淡白な味で特有の香気がある。茶碗蒸し，きしめんなど薄色の料理に使う。愛知県が主な生産地。火入れしないため長期保蔵はできない。 |

　混合醸造方式は，もろみまたは生揚げしょうゆにアミノ酸や酵素処理液を加え，発酵，熟成させてつくり，醸造期間の短縮，窒素の利用率の高い面で利点がある。混合方式は，本醸造方式，混合醸造方式のしょうゆに，酵素処理液，アミノ酸液を加え，発酵工程を省くことができる製法である。

　特殊なしょうゆとして減塩しょうゆがあるが，普通のしょうゆの約2分の1量の食塩含量のしょうゆで，高血圧や心疾患，腎疾患など食塩を控える必要のある人に用いられる。こいくちしょうゆの製造法を図5-7に示す。

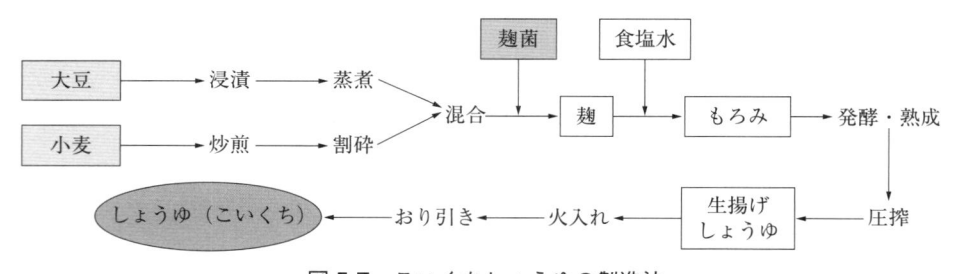

図5-7　こいくちしょうゆの製造法

## 2-3 ▶ 納　豆

　納豆は蒸煮大豆を納豆菌で発酵させた糸引納豆と，蒸煮大豆に香煎（麦こがし）をまぶして麹をつくり，塩水に漬けて熟成させた塩納豆がある。糸引納豆は納豆菌を用い，納豆菌のアミラーゼやプロテアーゼの作用により大豆の組織を軟化させ，消化がよい。粘質物はグルタミン酸のポリペプチド（ポリ-$\gamma$-グルタミン酸）とフルクタン（フルクトースの重合体）の混合物である。

　納豆に類似するインドネシアの大豆発酵食品にテンペがある。大豆をゆでて，酢を

加えた後，テンペ菌で熟成させてつくる。テンペは日本の納豆と異なり，細菌ではなくカビを利用して熟成させる（表5-11）。ほかに納豆に類似した発酵食品として，西アフリカのダウダウなどがある。

表5-11 納豆およびテンペに関与する微生物

| 納豆菌 | *Bacillus subtillis*（枯草菌） |
|---|---|
| テンペ菌 | *Rhizopus oligosporus*（クモノスカビ） |

# 3 乳製品

発酵乳製品は，乳酸菌，かびなどの微生物の発酵を利用して製造され，チーズ，ヨーグルト，乳酸飲料などがある。

## 3-1 ▶チーズ

チーズはナチュラルチーズとプロセスチーズに分類される。ナチュラルチーズは原料乳に乳酸菌またはかびと凝乳酵素レンネット（キモシンを主成分としてペプシンを添加したもの）を添加し，たんぱく質（カゼイン）が凝固してカードを形成し，これを熟成させて製造する。乳酸菌やかびなどによる微生物（表5-12）や酵素がはたらき，たんぱく質が分解されてアミノ酸が生成され旨味が増すが，食べごろがある。

ナチュラルチーズは種類が多く，製造法も多様で硬さと熟成方法により分類される。プロセスチーズはナチュラルチーズ1種類または数種類を加熱溶解し，調味料，色素，香料，保存料などを加えて成型したもので，保存性がよい。

表5-12 チーズに関与する微生物

| 乳酸菌 | *Lactobacillus lactis*，*L. cremoris*，*Leuconostoc mesenteroides*，*Streptococcus lacts*，*S. thermophilus* |
|---|---|
| 細 菌 | *Propionibacterium shermanii*，*Brevibacterium linens* |
| か び | *Penicillium camemberti*，*P. roquefortti*，*P. candida*，*Mucou pusillus*（微生物レンニン） |

## 3-2 ▶ヨーグルト，乳酸飲料

ヨーグルトは発酵乳に属し，乳原料を殺菌後，乳酸菌（表5-13）を用いて，乳酸発酵により乳酸を生成する。乳酸により乳原料は酸性に傾き凝固してつくられる。ヨーグルトは寒天やゼラチンでカードを固めたハードヨーグルトと，カードを砕いたソフトヨーグルトがある。また，砂糖や香料を加えないプレーンヨーグルトと，フレーバー

を添加したフレーバーヨーグルトがある。

乳酸飲料は発酵乳をもとに液状にし，飲用に適したもので，無脂乳固形分3％以上で乳酸菌数が1,000万以上/mLの乳製品と3％未満での100万以上/mLのものがある。また，生菌タイプと殺菌したタイプに分かれる。

ヨーグルト，乳酸飲料はたんぱく質の一部がペプチドやアミノ酸に分解されているので，消化吸収がよく，また，カルシウムは乳酸カルシウムの形で存在するので，吸収率が高い。

表5-13 ヨーグルトに関与する微生物

| | |
|---|---|
| 乳酸菌 | *Lactobacillus bulgaricus*, *L. acidphilus*, *L. delbrueckii*, *Streptococcus thermophilus*, *S. cremoris*, *Bifidobacter breve*, *B. longum* |

# 4 その他の発酵食品

## 4-1 ▶ 食 酢

食酢は酸味を与え，味を調え，おいしさを増すとともに食欲増進や消化吸収を助けるはたらきをする。食酢は酸味の目的で使用される以外に，保存，抗酸化，pH調整

表5-14 醸造酢に関与する微生物

| | |
|---|---|
| 酵 母 | *Saccharomyces cerevisiae* |
| 酢酸菌 | *Acetobacter aceti*, *A. rancens*, *A. pasteurianus* |

表5-15 JASによる食酢の分類

| 分 類 | | 原料の定義 | 特 徴 |
|---|---|---|---|
| 醸造酢 | 穀物酢 (酸度4.2%以上) | 米酢 | 米が40g/L以上 | 主に米を原料につくる穀物酢。米のみでつくられた場合は純米酢という |
| | | 米黒酢 | 米が180g/L以上 | 主に玄米を原料につくる穀物酢。香り，こくとも米酢よりも強い。発酵および熟成によって褐色または黒褐色に着色したもの |
| | | 大麦黒酢 | 大麦が180g/L以上 | 原料として大麦のみを使用したもの。発酵および熟成によって褐色または黒褐色に着色したもの |
| | | 穀物酢 | 穀物が40g/L以上 | 1種または2種以上の穀物酢。酒粕，麦，とうもろこしなどの穀物からつくる。複数の原料を合わせるのでくせがなく使いやすい |
| | 果実酢 (酸度4.5%以上) | りんご酢 | りんご果汁が300g/L以上 | さわやかなりんごの香りが残っており，ドレッシングに最適 |
| | | ぶどう酢 | ぶどう果汁が300g/L以上 | 酸味が強いが，さわやかな香りがある |
| | | 果実酢 | 果汁が300g/L以上 | 1種または2種以上の果実を使用したもの。柿酢など |
| 合成酢（酸度4.0%以上） | | 液体調味料 | 風味は劣るが，安価なので目的に応じて業務用などに使用される |

出典：久保田紀久枝・森光康次郎編『食品学—食品成分と機能性（第2版補訂）』東京化学同人，2011，p.248

用として使用される場合もある。食酢には酢酸菌を用い醸造法により生産する醸造酢と，酢酸や糖類，酸味料など混合して製造する合成酢がある。

醸造酢は，穀類，果実類を原料とし，酵母によるアルコール発酵したものに酢酸菌で酢酸発酵させてつくられる。醸造酢に関与する微生物を表5-14に示す。原料により，穀物酢（米酢，穀物酢など），果実酢（ぶどう酢，りんご酢など）などに分類される。JASによる食酢の分類を表5-15に示す。

## 4-2 ▶ 漬 物

漬物は食塩による防腐作用や脱水作用を利用して野菜の保蔵性を高めた加工食品である。塩漬，しょうゆ漬，酢漬などは発酵させないで浸透圧作用を利用してつくられたもので，ぬか漬，粕漬，麹漬などは微生物によって発酵させてつくる。野菜に食塩を加えると，細胞内外の浸透圧に差が生じて，原形質分離を起こして死滅し，細胞膜の半透性を失い，漬汁がしみ込み味がつく。発酵には乳酸菌と酵母がはたらき（表5-16，5-17），原料臭を抑え，香味，酸味をつけ，腐敗菌の増殖を抑制する。

表5-16 漬物に関与する微生物

| 乳酸菌 | *Leuconostoc mesenteroides*, *Lactobacillus plantarum*, *Pediococcus pentosaceus* |
|---|---|
| 酵 母 | *Zygosaccharomyces rouxii*（ほか，表5-17を参照） |

表5-17 漬物中の酵母

| 種 類 | きゅうり塩水漬 | ぬか漬 | ぬかみそ漬 | たくあん漬 | 奈良漬 | みそ漬 | 福神漬 | べったら漬 | きゅうり酢漬 | サワークラフト | 備 考 |
|---|---|---|---|---|---|---|---|---|---|---|---|
| サッカロミセス *Saccharomyces* 属 | | | ○ | | ○ | ○ | ○ | | ○ | ○ | |
| チゴサッカロミセス ルキシー *Zygosaccharomyces rouxii* | | | ○ | | ○ | ○ | | | | | 食塩耐性18％以上 |
| トルロプシス *Torulopsis* 属 | ○ | ○ | | ○ | ○ | | ○ | | ○ | | |
| デバリオミセス クロッケリ *Debaryomyces crockeri* | | | | ○ | | | | | | | |
| サッカロミセス ハロメンブランス *Saccharomyces halomembrance* | | | | | | ○ | | | | | 含塩下にのみ産膜 |
| ハンゼヌラ アノマラ *Hansenula anomala* | | | ○ | | | | | ○ | | | エステル生成強 |
| ピヒア メンブラナファシエンス *Pichia membranaefaciens* | ○ | ○ | | | | | | ○ | | | |
| デバリオミセス ニコチアナ *Debaryomyces Nicotiana* | ○ | ○ | | | | | | | | | |
| カンジダ クルセイ *Candida krusei* | ○ | | | | ○ | | ○ | | ○ | | |

出典：村尾澤夫・荒井基夫・藤井ミチ子『くらしと微生物（改訂版）』培風館，1993，p.75より一部加筆

# 第6章

# 微生物の食品産業への応用

　自然界には多種多様な微生物が無数に生息しており，それぞれには優れた潜在能力が備わっている。このような微生物のもつ優れた機能を利用して，人間の生活に有用な物質を生産する技術が次々と開発され，多種多様な有用物質がつくられるようになった。それらには，医療・診断，医薬品，食品加工，飼料，化学製品，食糧，鉱業，水産業，牧畜，環境浄化，エネルギー生産，遺伝子工学など多岐にわたる応用分野がある。本章では，食品産業界における微生物利用の現状についての理解を深め，微生物利用の重要性を把握する。

## 1 アミノ酸

　アミノ酸はたんぱく質の構成成分で，20種あり，さまざまな生物学的あるいは化学的な機能が見出され，旨味調味料，甘味料原料，医薬品，栄養補給用スポーツ飲料・サプリメント原料，家畜飼料添加物，化成品，化粧品など，多くの用途があり広く活用されている。これらのアミノ酸は現在，たんぱく質の加水分解法，化学合成法，発酵法で生産されているが，その生産の中心は発酵法である。この発酵法，すなわち微生物を活用してアミノ酸を生産するアミノ酸発酵は，日本で生まれ，今や世界のアミノ酸市場の過半量を生産する技術となっている。各種アミノ酸の生産量，ならびに製造法と主な用途についてまとめたものを表6-1に示す。

### 1-1 ▶グルタミン酸の生産

　グルタミン酸は，l-ナトリウム塩が化学調味料として大量に使われている。当初は小麦グルテンや脱脂大豆の塩酸分解によって製造されていた。1957年に発表されたグルタミン酸生産菌の発見とその工業化は，アミノ酸の発酵法や酵素法による生産の端緒となった。

　工業的に使われているグルタミン酸生産菌は *Corynebacterium* 属の細菌である。グルタミン酸の工業的製造は，通気・撹拌を行える装置のついたタンクで行われる。でんぷん加水分解物（グルコース）などの糖類と，窒素源として硫酸アンモニウムなどを含む簡単な培地にビオチンを適量加えて好気的に培養する。発酵法によるL-グルタミン酸の生産法を図6-1に示す。

表 6-1 アミノ酸の製造法と主な用途

| アミノ酸 | 推定生産量 (t/年)[1] | 発酵法 | 酵素法 | 合成法 | 抽出法 | 主な用途 |
|---|---|---|---|---|---|---|
| L-グルタミン酸 | 1,600,000 | ◎ | | | | 調味料 |
| L-リシン | 650,000 | ◎ | ○ | | | 飼料添加物 |
| L-トレオニン | 30,000 | ◎ | | | | 栄養強化剤,飼料添加物 |
| L-フェニルアラニン | 8,000 | ◎ | | ◎(分割) | | 甘味料の原料 |
| L-グルタミン | 1,300 | ◎ | | | | 医薬品 |
| L-アルギニン | 1,200 | ◎ | | | | 栄養強化剤,飼料添加物 |
| L-トリプトファン | 1,000 | ◎ | ◎ | | | 飼料添加物 |
| L-バリン | 500 | ◎ | | ◎(分割) | | 栄養強化剤 |
| L-ヒスチジン | 400 | ◎ | | | | 栄養強化剤 |
| L-イソロイシン | 400 | ◎ | | | | 栄養強化剤 |
| L-プロリン | 350 | ◎ | | | ○ | 栄養強化剤 |
| L-セリン | 200 | ◎ | ◎ | | ○ | |
| L-アスパラギン酸 | 7,000 | | ◎ | | | 甘味料の原料 |
| L-システイン | 1,500 | | ◎ | | ○ | 医薬品 |
| L-アラニン | 550 | | ◎ | ○ | ○ | 甘味物質 |
| L-アスパラギン | 60 | | ◎ | | ○ | |
| DL-メチオニン | 600,000 | | | ◎ | | 飼料添加物 |
| グリシン | 22,000 | | | ◎ | | 甘味物質 |
| DL-アラニン | 1,500 | | | ◎ | | |
| L-メチオニン | 300 | | | ◎(分割) | | 医薬品 |
| L-ロイシン | 500 | | | | ◎ | 栄養強化剤 |
| L-チロシン | 120 | | | | ◎ | |
| オルニチン | 600 | ◎ | | | | 医薬品,栄養強化剤 |

1) 生産量:日本必須アミノ酸協会資料(2000)より

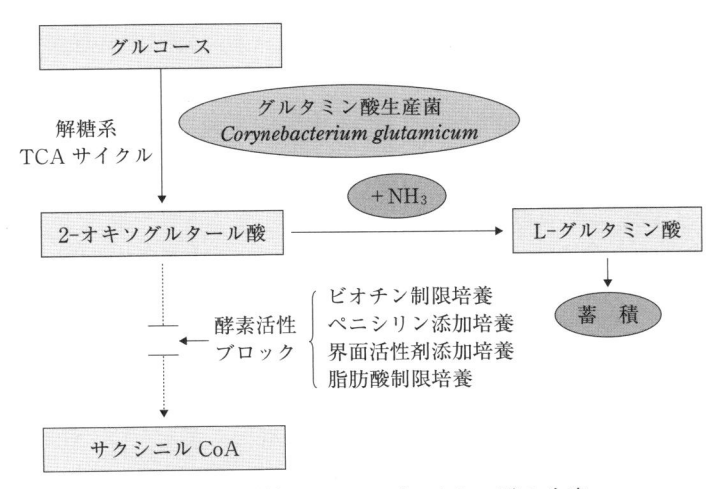

図 6-1 発酵法による L-グルタミン酸の生産

## 1-2 ▶ リシンの生産

　リシンは，植物たんぱく質中の含有量が少ないため，その不足を補うために食品素材や飼料添加物としての需要が高い。リシンはグルタミン酸生産菌から誘導されたホモセリンまたはトレオニンおよびメチオニン要求変異株を用いることにより，発酵生産される。発酵法によるL-リシンの生産法を図6-2に示す。

```
アスパラギン酸
      ↓
アスパルチルリン酸
      ↓
アスパラギン酸セミアルデヒド
      ↓                    ↓
ホモセリン              リシン
脱水素酵素欠損            ↓
      ↓                  蓄積
ホモセリン
   ↓     ↓
トレオニン  メチオニン
```

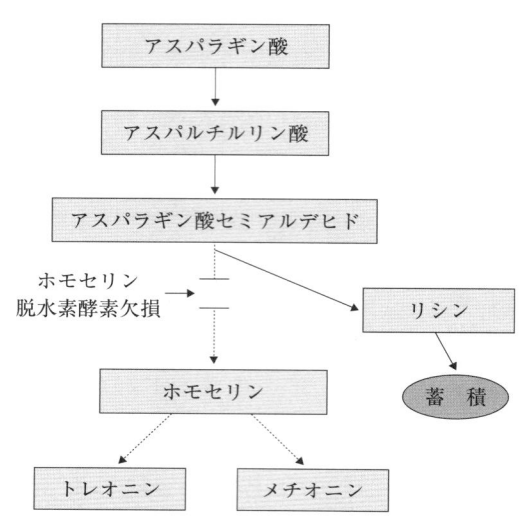

図6-2　ホモセリン要求変異株によるL-リシンの生産

## 1-3 ▶ アスパラギン酸，アラニンの生産

　アスパラギン酸は保健薬としての用途のほか，最近はノンカロリーの人工甘味料製造の原料として，需要が増加している。また，アラニンはアミノ酸輸液，経口・経腸栄養剤などの医薬用に使用される。

　アスパラギン酸は，微生物酵素を用いて前駆体から製造される。この方法は，大腸菌や乳酸菌がもつ強力なアスパルターゼを用い，フマル酸とアンモニアを原料としてL-アスパラギン酸を生成させるもので，現在はアスパルターゼを菌体から取り出すことなく，大腸菌の菌体をそのまま固定化菌体として，酵素反応に用いている。また，アスパラギン酸をアラニンに変換する酵素，アスパラギン酸デカルボキシラーゼを生産する細菌シュードモナス菌が発見され，アスパラギン酸からアラニンを生産する生産法が確立された。その後，アスパルターゼおよびアスパラギン酸デカルボキシラーゼを含む菌体を包括して固定化し，フマル酸を原料として，アスパラギン酸およびアラニンの連続生産法も確立されている。

　発酵法によるグルコースを原料とするアスパラギン酸の生産は収率が低く，またアラニンの生産は，生産物がDL体であるため，現在はアスパラギン酸，アラニンとも，

```
フマル酸 →(+NH₃)→ L-アスパラギン酸 → L-アラニン + CO₂
         ↑                      ↑
   固定化菌体              固定化菌体
  (Escherichia coli)     (Pseudomonas dacunhae)
   アスパルターゼ         アスパラギン酸
                         デカルボキシラーゼ
```

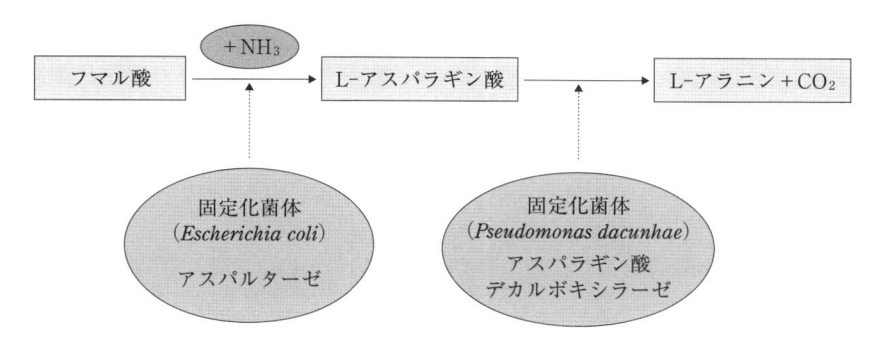

図 6-3　酵素法によるフマル酸から L-アスパラギン酸と L-アラニンの生産

この酵素法で工業生産されている。この酵素法によるアスパラギン酸，アラニンの生産法を図 6-3 に示す。

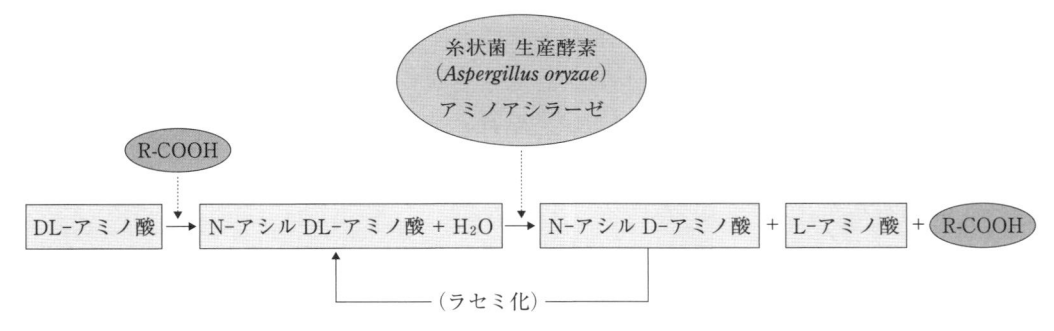

## 1-4 ▶ アミノアシラーゼによる DL-アミノ酸から L-アミノ酸の生産

　発酵法によるアミノ酸の生産が本格化する以前には，アミノ酸は化学合成法により生産されていたが，この方法で合成されるアミノ酸は DL（ラセミ）体である。

　DL 体を天然型の L 体に変換する光学分割法は困難であったが，コウジカビが生産するアミノアシラーゼの発見により，これが可能となった。アミノアシラーゼによる DL-アミノ酸から L-アミノ酸への光学分割法のシステムを図 6-4 に示す。

　主として L 体が要求されるアミノ酸輸液などに使用される L-メチオニン，フェニルアラニン，バリンなどがこの方法で生産されている。

```
                         糸状菌 生産酵素
                       (Aspergillus oryzae)
                        アミノアシラーゼ
              R-COOH           ↓
DL-アミノ酸 → N-アシル DL-アミノ酸 + H₂O → N-アシル D-アミノ酸 + L-アミノ酸 + R-COOH
                    ↑                              │
                    └──────────（ラセミ化）────────┘
```

図 6-4　アミノアシラーゼによる DL-アミノ酸から L-アミノ酸の生産

# 2　有機酸

　微生物によって生産される有機酸は数十種類にも及ぶが，工業的に発酵生産されている有機酸はそれほど多くない。

有機酸の生産は，乳酸や酢酸など微生物のエネルギー取得代謝経路の最終生産物を利用する場合と，クエン酸やリンゴ酸，コハク酸など有機化合物の酸化代謝経路の中間産物を利用する場合がある。

微生物により生産される主な有機酸を表 6-2 に示す。

表 6-2 微生物が生産する主な有機酸

| 有機酸 | 原料 | 代表的な生産微生物 |
|---|---|---|
| 酢 酸 | エチルアルコール | 酢酸菌 *Acetobacter pasteurianus*, *A. aceti* |
| 乳 酸 | グルコース | 乳酸菌 *Lactobacillus delbrueckii*<br>クモノスカビ *Rhizopus oryzae* |
| クエン酸 | スクロース<br>n-パラフィン | クロコウジカビ *Aspergillus niger*<br>カンジダ酵母 *Candida lipolytica* |
| グルコン酸 | グルコース | クロコウジカビ *Aspergillus niger*<br>アオカビ *Penicillium chrysogenum* |
| 2-ケトグルコン酸 | グルコース | グルコン酸菌 *Gluconobacter gluconicus*<br>シュードモナス菌 *Pseudomonas fluorescens* |
| リンゴ酸 | グルコース<br>フマル酸 | コウジカビ *Aspergillus flavus*<br>乳酸菌 *Lactobacillus brevis* |
| フマル酸 | グルコース | クモノスカビ *Rhizopus nigricans*<br>アクチノバチルス菌 *Actinobacillus succinogenes* |
| コハク酸 | グルコース | ブレビバクテリウム菌 *Brevibacterium flavum* |

## 2-1 ▶ 酢 酸

酢酸は食酢の主成分であり，一般的な市販酢では酸度 4 ～ 5 %，加工用酢では 10 ～ 15 %の高濃度の酢酸が含まれる。酢酸は食品に酸味を与えるだけでなく抗菌作用も示すため，調味料や保存料として利用されている。また，酢酸は繊維や医薬品などの化学品原料としての用途があり，化学合成もされている。食酢はアルコールを含む原料を酢酸菌で発酵させて製造されるが，原料の違いによって，米酢，ぶどう酢，りんご酢，麦芽酢，アルコール酢などがある。わが国で最も利用されている食酢はアルコール酢である。

食酢の製造は，調製した原料に酢酸菌を接種し発酵させるが，発酵方法は古くから行われている開放した仕込み槽を用いて 1 ～ 3 か月間静置培養する表面発酵法である。一方，加工用の高酸度酢製造には，急速に発酵を進める通気撹拌発酵法が用いられている。この発酵法により 4 ～ 6 日という短期間で，酸度 15 %以上の高濃度の酢酸を含む製品がつくられている。

## 2-2 ▶ 乳 酸

乳酸は，ヨーグルトや乳酸菌飲料，漬物など発酵食品中の酸味成分であり，清涼飲料や食品の酸味料として用いられている。食品製造以外では，アクリル樹脂の原料，

皮革製造における脱灰剤，乳酸石灰が医薬に使用されている。

工業的な乳酸の生産については，以前は乳酸菌を用いて生産されてきたが，コスト的な面から現在ではアセトアルデヒドを原料にした化学合成法によって行われている。

しかし，近年，石油プラスチックに代わる生分解性プラスチックの有望な資材として注目されているポリ乳酸の製造原料に光学活性純度の高いL-乳酸が必要とされることから，発酵法によるL-乳酸の工業生産が開始されている。

乳酸発酵を行う微生物には各種乳酸菌があり，またクモノスカビの中にも好気条件下で大量の乳酸を生成する菌株が存在することが知られている。

乳酸発酵の形式には，糖から乳酸のみを生成するホモ乳酸発酵と，乳酸以外にエチルアルコールと二酸化炭素を生成するヘテロ乳酸発酵がある。乳酸の工業生産には，通常ホモ型乳酸菌が用いられる。代表菌株は高温性で酸生成力が強い *Lactobacillus delbrueckii* である。

## 2-3 ▶ クエン酸

クエン酸はレモンなどの柑橘類に多く含まれている有機酸で，酸味料として食品や飲料に用いられるだけでなく，医薬品原料などにも利用されている。以前は柑橘類から抽出して製造されていたが，各種のかびがクエン酸を多量に生産することがわかり，現在では全量が微生物を用いた発酵法によって生産されている。

クエン酸の生成が初めて認められたのはアオカビであるが，その後クロコウジカビのなかに強酸性下で多量のクエン酸を産生する株が見出されたため，現在ではクエン酸の生産にはもっぱらこのクロコウジカビが用いられている。

クロコウジカビを用いたクエン酸の発酵生産法としては，固体培養法，液体表面培養法，液内培養法の3種類があるが，現在ではタンク内の液体培地に通気し撹拌する液内培養法が採られている。なお，かび以外のクエン酸生産菌として，カンジダ酵母がn-パラフィンから，基質に対して140〜150％という高収率でクエン酸を生産することが見出されている。

## 2-4 ▶ グルコン酸

グルコン酸はワインや食酢などに発酵副生物として含まれているが，このグルコン酸は，微生物の好気的代謝によってグルコースが酸化されて生成される。

グルコン酸生産菌として，アオカビやクロコウジカビ，クモノスカビなどのほか，*Gluconobacter* などの酸化細菌が知られている。現在，工業的なグルコン酸の発酵生産にはクロコウジカビが用いられており，でんぷん原料を酵素剤で糖化した液に接種して通気撹拌培養を行うことによって製造されている。

グルコン酸の食品分野における用途として，グルコン酸の分子内エステルであるグ

ルコノ-δ-ラクトンは、ベーキングパウダーの材料として使われるほか、大豆たんぱく質の凝固剤として豆腐製造に利用される。また、グルコン酸はマイルドな酸味を付与するので、酸味料としての需要も生まれている。

## ③ 甘味料

　微生物のもつ機能を利用して工業的に生産される甘味料には、でんぷんに微生物起源の各種酵素を作用させて製造される異性化糖やブドウ糖などがある。

　糖アルコールは、低カロリー、低う蝕性の甘味料として、工業的にはでんぷんを原料として得られる種々の糖に水素を添加して還元する有機化学的手法により製造されている。最近、*Aureobasidium* 属に属する不完全菌を用いて、L-フルクトースを原料としてL-ソルビトールを生産するという微生物を用いた製造技術が開発されている。

　アスパルテームは、ショ糖の約200倍の甘味度をもつ低カロリー甘味料であるが、アスパラギン酸とフェニルアラニンを原料として化学合成法によって製造されている。しかし、最近好熱性細菌バチルスが生産する耐熱性のプロテアーゼ、サーモリシンを用い、プロテアーゼ反応の逆反応によるアミノ酸からのジペプチド・アスパルテームの酵素合成法が開発され、実用化されている。

　微生物酵素を用いて製造される異性化糖の製造法を図6-5に示す。

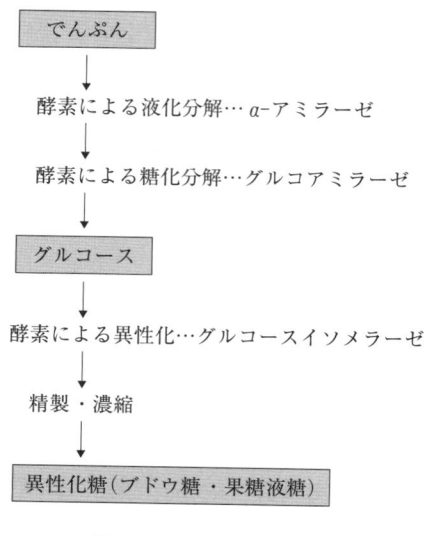

```
        でんぷん
           ↓
   酵素による液化分解…α-アミラーゼ
           ↓
   酵素による糖化分解…グルコアミラーゼ
           ↓
        グルコース
           ↓
   酵素による異性化…グルコースイソメラーゼ
           ↓
        精製・濃縮
           ↓
   異性化糖(ブドウ糖・果糖液糖)
```

図6-5　異性化糖の製造

# 4 酵　素

　微生物を利用するということは，本質的にはその酵素作用を利用していることにほかならない。微生物は多種多様であり，各種の強力な酵素を生成する。微生物を用いた工業的な酵素生産は，高峰譲吉がコウジカビ（*Aspergillus oryzae*）の培養物に着目し，消化酵素タカジアスターゼを製造し商品化したのが最初であるが（1894 年），以来アミラーゼ，プロテアーゼ，リパーゼなどの加水分解酵素を中心として，微生物起源の酵素製剤が数多く生産されている。産業分野別での用途をみても食品工業や繊維工業，医薬品，分析診断用試薬などさまざまな酵素が多くの分野で活用されている。微生物酵素の応用と利用範囲は遺伝子工学，たんぱく質工学の発展とともに将来さらに拡がるものと期待される。

　工業的な酵素生産に用いられる微生物は，それぞれの目的に応じて選ばれており，細菌，放線菌，かび，酵母のいずれにも有用菌が知られている。現在製造されている主な微生物起源の酵素とその用途を表 6-3 に示す。

　酵素生産においては，力価のすぐれた生産菌株を選抜することが重要であるが，選抜菌培養の際の培地組成，培養方法，培養条件などによっても，酵素生産量は大きく変動する。したがって，それぞれの酵素について個々に最適条件を定める必要がある。

　酵素の活用技法として，酵素あるいは微生物をそのまま活性をもった状態で連続反

表 6-3　主な微生物酵素とその用途

| 酵素名 | 主な生産菌 | 用　途 |
|---|---|---|
| α-アミラーゼ<br>（液化アミラーゼ） | 枯草菌　*Bacillus licheniformis*<br>コウジカビ　*Aspergillus oryzae* | でんぷんの分解処理<br>消化剤 |
| グルコアミラーゼ<br>（糖化アミラーゼ） | クモノスカビ　*Rhizopus delemar* | グルコースの製造 |
| グルコースイソメラーゼ | 放線菌　*Streptomyces albus* | 果糖の製造（異性化糖の製造） |
| セルラーゼ | ツチアオカビ　*Trichoderma viride* | セルロースの分解 |
| ラクターゼ | 酵母　*Saccharomyces* sp. | ミルク中の乳糖の分解 |
| グルコースオキシダーゼ | クロコウジカビ　*Aspergillus niger* | 食品からの酸素やグルコースの除去 |
| でんぷん分解酵素＋糖転移酵素 | 細菌　*Arthrobacter* sp. | トレハロースの製造：食品素材，化粧品 |
| インベルターゼ | 酵母　*Saccharomyces cerevisiae* | 転化糖の製造 |
| ペクチナーゼ | コウジカビ　*Aspergillus oryzae* | 果汁の清澄化 |
| プロテアーゼ | 枯草菌　*Bacillus subtilis*<br>コウジカビ　*Aspergillus oryzae* | 洗剤用<br>肉軟化剤，医薬品，飼料改良剤 |
| 凝乳酵素　ムコールレンネット | ケカビ　*Mucor pusillus* | チーズ製造（仔牛レンニンの代替） |
| 耐熱性プロテアーゼ　サーモリシン | 細菌　*Bacillus thermoproteolyticus* | アスパルテームの酵素合成 |
| リパーゼ | 酵母　*Candida* sp.<br>細菌　*Pseudomonas* sp. | 油脂の改良，洗剤 |
| L-アスパラギナーゼ | 大腸菌　*Escherichia coli* | 医薬品（白血病の治療） |

応や再利用を行う固定化法が開発された。この方法では，前記の利点のほかに，酵素の安定性が高まり，反応生成物の純度，収率の向上などが望めるために，加水分解酵素など比較的単純な反応に適用され，L-アミノ酸の生産や食品素材の製造などの分野で積極的に利用されている。

## 4-1 ▶ アミラーゼ

アミラーゼは，でんぷん，グリコーゲンなどの多糖類の $\alpha$-1,4 結合または $\alpha$-1,6 結合を加水分解する酵素である。

アミラーゼは基質でんぷん鎖の切断部位と反応産物の特性により分類される。$\alpha$-アミラーゼはアミロース鎖内部をランダムに切断するエンド型（液化型），$\alpha$-グルコシダーゼは非還元末端からグルコース単位で切断するエキソ型（糖化型）酵素である。$\beta$-アミラーゼは非還元末端からマルトース単位で切断する糖化型酵素である。グルコアミラーゼはグルコース単位で $\alpha$-1,4 および $\alpha$-1,6 結合ともに切断できる酵素である。工業的には，液化型酵素として $\alpha$-アミラーゼが，糖化型酵素としてグルコアミラーゼが特に重要である。

アミラーゼを生産する微生物には，*Bacillus* 属細菌とコウジカビ，クモノスカビなどのかび類が知られている。細菌とコウジカビが生産するアミラーゼは液化型が主体で，クモノスカビが生産する酵素は糖化型が主体である。*Bacillus licheniformis* が生産する $\alpha$-アミラーゼは 100 ℃ の高温でも作用する耐熱性酵素で，工業的に広く利用されている。

## 4-2 ▶ プロテアーゼ

たんぱく質のペプチド結合を加水分解する酵素をプロテアーゼという。プロテアーゼは種類が多く，なかにはポリペプチド鎖の特定のアミノ酸，あるいは特定のアミノ酸配列のところを特異的に切断するプロテアーゼもある。いろいろな微生物が基質特異性，至適 pH，耐熱性などの異なる種々のプロテアーゼを細胞内外に生産することが知られており，目的に適したプロテアーゼが選択されて工業生産されている。

*Bacillus* 属の細菌は，pH10 〜 11 のアルカリ性で強い活性を示すプロテアーゼを生産する。

糸状菌の生産するプロテアーゼも種類が多い。キコウジカビが分泌するプロテアーゼは，培養 pH と生成される酵素の作用 pH に相関性がある。一方，クロコウジカビでは，主として酸性プロテアーゼが生産される。

チーズ製造に用いられるレンネット（キモシン）もプロテアーゼの一種であるが，たんぱく分解力に比べて凝乳力が強いのが特徴で，チーズ製造に欠かせない。レンニンは生後間もない仔牛の第 4 胃からしか得られず，チーズ製造では慢性的な供給不足

にあった。有馬らは，ケカビの一種である *Mucor pusillus* が同様の酵素を生産することを発見した（1962年）。このケカビから生産されるレンニン代替凝乳酵素（ムコールレンネット）は工業生産され，世界中で広く使用されている。また最近は，牛キモシン遺伝子を組換え DNA 技術で大腸菌につくらせた仔牛キモシンも使用されるようになっている。

## 4-3 ▶ グルコースイソメラーゼ

最初は放線菌からキシロースイソメラーゼとして見出されたが，後にグルコースの一部をフルクトースに変換し，フルクトースとグルコースの混合物（異性化糖）を生成する活性を有することが明らかになった。異性化糖は砂糖とほぼ同等の甘味を有しており，生産コストも低いので，砂糖に代わる甘味料として近年その需要が急速に伸びている。

本酵素は種々の細菌や放線菌の菌体内でキシロースの存在により誘導的に生成されるので，酵素を取得する際はキシロースを添加した培地を用いて培養する。工業的には耐熱性の強い酵素を生成する放線菌 *Streptomyces* の酵素が使用されている。

## 4-4 ▶ トレハロース生成酵素

トレハロースはグルコースが $\alpha$-1,1 結合した非還元性の二糖である。凍結や乾燥，紫外線などから細胞を保護する効果があるとされ，化粧品に利用される。また，食品素材としても多くのすぐれた特性を有しており，利用価値が高い。しかし，トレハロースは生物界に広く分布しているがこれまで大量生産法がなく，非常に高価な素材であった。近年，でんぷんからトレハロースを生成するという驚くべき反応を行う酵素が，*Arthrobacter* 属の細菌から発見された。このでんぷん分解酵素と糖転移酵素を併せもつ新規酵素系をもつ微生物の発見により，トレハロースの大量生産が可能となり，生産コストも低いのでその需要が急速に伸びている。

# 5 その他

## 5-1 ▶ アルコール発酵

アルコールは酒類として飲用に供せられるだけでなく，殺菌作用や溶媒としての性質や反応性を生かして化学工業の原料としても広く利用されている。最近は再生生産可能な資源からの燃料として活用されるようになり，石油などの化石燃料の節約につながることや，環境への負荷も小さいことから，アルコールの発酵生産は再び注目を

集めている。

　アルコールを生産する微生物は，酵母以外にも細菌やかびなどによってつくられるが，工業的な生産に利用されているのはほとんど酵母であって，それも*Saccharomyces*属の酵母に限られている。サッカロミセス属の酵母は，エタノール生産能がほかの微生物に比べて格段に高く，またエタノール耐性も強いことからアルコールの工業生産の主役になっている。

　一般に酵母はグルコースやフルクトースなどの単糖類やショ糖や麦芽糖などのオリゴ糖は利用できるが，でんぷんやセルロースなどの多糖類は利用できない。したがって，発酵原料としてでんぷん質原料を用いる場合は，酵素剤で糖化してから用いている。

## 5-2 ▶ 呈味性ヌクレオチド

　かつお節の旨味成分である5'-イノシン酸（5'-IMP）やしいたけの旨味成分である5'-グアニル酸（5'-GMP）など，呈味性ヌクレオチドの発酵生産が行われるようになった。

　呈味性ヌクレオチドの生産には，①酵母菌体にRNA分解酵素を作用させる方法，②枯草菌のアデニン要求変異株から誘導されたイノシン蓄積変異株を用いる直接発酵法，③核酸塩基のヒポキサンチン，キサンチンまたはグアニンを培養中に添加してサルベージ合成経路を利用して5'-イノシン酸，5'-グアニル酸とする方法などがある。

### コラム　　コウジ酸（Kojic acid）

　コウジ酸は，みそ，しょうゆなどの製造に用いられる麹菌（*Aspergillus* 属など）を培養して得られる抗菌作用をもった物質である。麹職人さんの手が白くすべすべしていることから，麹に含まれる有効成分として研究がすすめられた。このコウジ酸は，チロシナーゼを阻害してメラニンの生成を抑制することから，1988（昭和63）年に，日やけによるしみ・そばかすを防ぐなどの効果・効能で，医薬部外品（一般的にいう化粧品の原料）として承認された。また，甲殻類の黒変防止，抗菌作用などの用途で添加物として使われ，1995（平成7）年に，使用基準の設定のない既存添加物として告示された。

　しかし，食品添加物としての安全性確認の過程でマウスやラットの肝臓に対する発がん性が示唆されたことなどから，2003（平成15）年3月に，コウジ酸による肝臓での発がんメカニズム等を明らかにするための追加試験を実施し，追加試験の結果が出るまで，コウジ酸を含有する医薬部外品等の製造・輸入を見合わせるようにとの厚労省の課長通知がなされた。また，同年6月の薬事・食品衛生審議会で，食品を製造し，または加工する場合に，および，食品を保存する場合に，添加物であるコウジ酸を使用してはならないと決議され，10月に既存添加物リストから削除された。

　しかし，2005（平成17）年3月の安全性に関する検討会で，コウジ酸を含有する医薬部外品について，通常使用する場合には，発がん性のリスクは極めて小さいことや，これまで特段問題となるような健康被害の報告もないことなどから，安全性に特段の懸念はないものと考えられるとの報告がなされ，同年11月の課長通知により，2003年の課長通知は廃止され，コウジ酸を含有する医薬部外品等の製造・輸入が再開できるようになった。

〔岩田建〕

コウジ酸

# 第7章

# 身体と微生物

　ヒトの身体，特に皮膚や粘膜，腸管など外環境，食品などと接する部分には，特定の微生物群が生息し，そのほとんどは細菌である。これらの細菌群を常在細菌叢と呼んでいる。これらの微生物は，出産後もしくは産道通過時に付着し，ヒトと共存するようになる。

　常在細菌叢は，栄養源，微生物同士の相互作用，宿主による抗微生物物質の生成などにより影響を受ける。そのため，常在細菌叢は皮膚や口腔，消化管などの身体の部位によって異なっている（図7-1）。

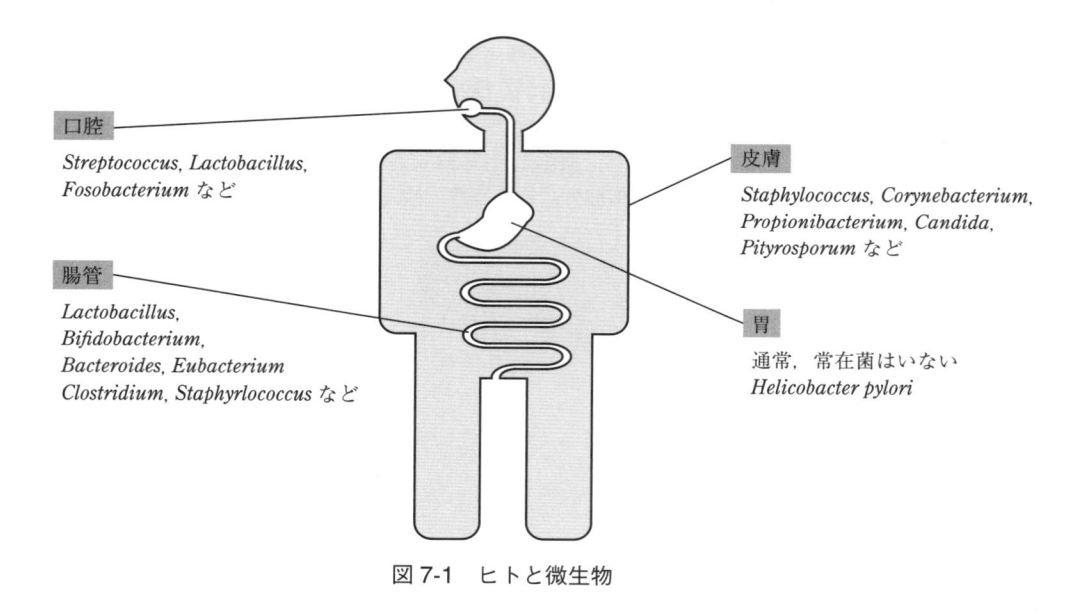

**口腔**
*Streptococcus, Lactobacillus, Fosobacterium* など

**腸管**
*Lactobacillus,
Bifidobacterium,
Bacteroides, Eubacterium
Clostridium, Staphyrlococcus* など

**皮膚**
*Staphylococcus, Corynebacterium,
Propionibacterium, Candida,
Pityrosporum* など

**胃**
通常，常在菌はいない
*Helicobacter pylori*

図7-1　ヒトと微生物

# 1 皮　膚

## 1-1 ▶皮膚と微生物

　皮膚は体内と対外を隔てて恒常性を維持する重要な役割を果たし，ヒトで最大の面積と重量を有する臓器である。皮膚は口腔や消化管と異なり乾燥しやすいため，また手の平や顔などは定期的に洗浄されることにより，微生物の生育には適していない。

しかし，汗腺と毛包管により微生物の生育に適した環境もつくられている（図7-2）。

汗腺のうち，皮膚の微生物叢形成と関係するのは主にアポクリン腺（大汗腺，乳腺等）である。それに比べ，全身に存在して発汗により体温調節を担っているエクリン腺（小汗腺）は，微生物叢形成への関与は少ない。アポクリン腺は腺細胞が分泌物を生成して内部に蓄え，分泌物を保持した細胞の一部が切り離されて脂質やたんぱく質，アンモニアなどを多く含む乳白色の分泌物を皮膚上に分泌する。アポクリン腺は，まぶたや鼻，外耳道，腋の下，乳輪，へそ，外陰部周辺などに存在し，毛包の毛脂腺の上部に開口している。アポクリン腺の数はエクリン腺より少なく，出生後，思春期以降に発達する。

毛包は体毛を包む組織層のことで，毛や毛脂腺などが存在し皮脂となるトリグリセリドやスクワレンなどを生産・分泌していることから，微生物は汗腺の分泌物や皮脂から栄養素を摂取するとともに適度な湿度を得ることができる。このため，顔面，頸部，腋窩，陰部などの皮膚に多くの微生物が認められる。

皮膚に生育するのは，*Actinobacteria*（放線菌）門の微生物が多く，約半数を占める。種のレベルでは個人間や皮膚の状態，時期による多様性が大きいが，グラム陽性の*Staphylococcus*や*Corynebacterium*，毛包管内に生息する嫌気性の*Propionibacterium*などが主なものである。そのほか*Streptococcus*なども認められることがあり，200種を超える微生物が常在細菌叢を形成している。さらに真菌である*Candida*や*Pityrosporum*なども存在している。

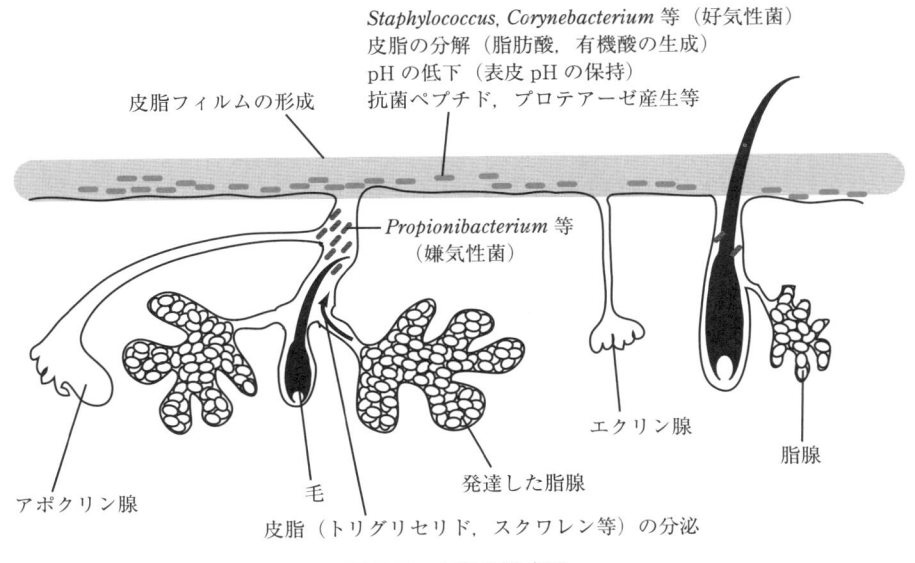

図7-2 皮膚の模式図

これらの微生物は通常 $10^3 \sim 10^4$ 個/cm² 程度，多い所で $10^5$ 個/cm² 存在している。生育している菌種は前腕内側がいちばん多く 40 種以上，逆にいちばん少ないのは耳の後ろで 15 種程度と報告されている。これらの微生物は，汗や皮脂中のトリグリセリドなどを分解してオレイン酸や酢酸などの有機酸や低級脂肪酸を生成して皮表面皮脂フィルムを形成し，皮膚表面の pH を 5.5 付近に保っている。また，皮膚に生育している *Staphylococcus* は表皮ブドウ球菌（コアグラーゼ陰性ブドウ球菌属，*Staphylococcus epidermidis*，*S. capitis*，*S. hominis*，*S. haemolyticus* など）と呼ばれ，黄色ブドウ球菌（*Staphylococcus aureus*）とは異なった種であり，基本的に病原性はない。表皮ブドウ球菌は，抗菌ペプチドの生産やたんぱく質分解酵素の生産などにより，黄色ブドウ球菌の生育を抑制していると報告されている。

これらの微生物による常在細菌叢は，白癬菌などの真菌等の体内への浸入を防いで感染を防御し，化学物質の緩衝作用にはたらいて皮膚の定常性を保っている。また，これらの微生物は，十分に消毒すれば一時的に死滅し，ほとんど無菌となる。しかし毛包管や汗腺などに残存した菌などにより微生物叢を再形成していく。

## 1-2 ▶体臭と微生物

アポクリン腺から出る汗には脂肪や尿素，アンモニアなどが含まれ，独特の臭いを有している。エクリン腺から出る汗はほとんど無臭である。これらの汗に含まれるたんぱく質や脂質などは，微生物の栄養素となる。そのため，時間経過とともに皮膚に存在する常在菌が汗の成分を利用，分解・発酵して生育する。その過程で，ケトン類やアルデヒド類，アミン類を生成する。これらは揮発性の低級脂肪酸であることから，臭いのもととなる。

## 1-3 ▶痤瘡（ニキビ）と微生物

毛包のうち，毛が産毛状の痕跡組織となり，脂腺が大きいものは脂腺性毛包と呼ばれる。これは皮膚上の開口部である毛孔の部分が漏斗状に大きく深く落ち込み，毛包壁が薄い。また，皮脂が多く，毛孔が角質により閉鎖しやすい構造になっている。毛包に存在する嫌気性細菌の *Propionibacterium acnes* は常在細菌の一種であり，通常は無害である。しかし，角質により毛孔が塞がれると，毛包内部で *Propionibacterium acnes* が増殖して炎症を生じたり，皮脂の分解が進むと，ニキビを形成する。頭髪のように太い毛が存在すると皮脂は毛とともに排出され，毛孔の閉鎖は少なくニキビはできにくい。

## 2 口腔

　口腔には，生後すぐに微生物が付着，定着して，成長や歯の状態などの口腔環境や食生活などの生活習慣により変化する。*Streptococcus* や，*Lactobacillus*, *Fosobacterium* などが生息する。そのうち，*Streptococcus* が優勢である。

　歯垢は口腔内に存在する細菌が歯の表面で増殖し，代謝物とともに形成したバイオフィルムの一種である。口腔中に存在する *Streptococcus mutans* は増殖とともに菌体外にグルカン（粘性多糖）を形成する。このため *Streptococcus mutans* が歯に付着，増殖すると，より強固な歯垢を形成するとともに，酸生産により齲食の原因となる。また，*Porphyromonas gingivalis* は歯肉溝に生息し，歯周病の原因菌の一つとされている。

## 3 消化管

### 3-1 ▶ 胃

　胃には通常，常在細菌叢は存在しない。これは胃内の pH が 2 程度まで低下し，微生物の生育に非常に不利だからである。しかし，食品由来などの微生物が，$10 \sim 10^3$ 個/内容物 g 存在している。また，*Helicobacter pylori*（ピロリ菌）は胃に定着可能で，胃潰瘍や胃がんの原因の一つとなっている。

### 3-2 ▶ 小腸

　小腸上部は胃に接し，低 pH となるため，微生物数は少なく，$10^3$ 個/g 程度である。膵臓からの膵液の分泌口が開口している十二指腸以降は微生物数が増加し，空腸，回腸部では $10^4 \sim 10^7$ 個/g となる。十二指腸などの腸管上部は *Lactobacillus* や *Streptococcus* などの通性嫌気性菌が多く，空腸や回腸などの下部に至るにつれて偏性嫌気性菌が増加し，大腸と同じような微生物が存在するようになる。

### 3-3 ▶ 大腸

　一般に腸内細菌叢（腸内フローラ）と呼ばれる多様な微生物による細菌叢を形成している。ヒトの大腸内には 500 種類以上の微生物が生息し，糞便 1 g 中の細菌数は $10^{12}$ 個を超える。これは乾燥糞便重量の約 1/2 は細菌であることを示し，大腸内に生息する細菌群の重量は 1.5 kg 程度になると推測されている。腸内細菌の 99% 以上

は，*Firmicutes* 門，*Bacteroidetes* 門，*Proteobacteria* 門，*Actinobacteria* 門に属している。これらの微生物はヒトの健康や疾病に密接に関係しているといわれている。

腸内細菌叢の加齢による変化を図 7-3 に示した。胎児の腸管は無菌であるが，産道通過時あるいは出産後に微生物を付着・吸入し，細菌叢が形成されて行く。新生児の便（胎便）はほとんど無菌である。新生児の腸内では，出生後 24 時間以内に腸球菌や大腸菌，ブドウ球菌などの好気性菌や通性嫌気性菌が増殖を始める。その後，3 〜 7 日で *Bifidobacterium* や *Lactobacillus* などの菌種が増殖し，主要菌種となる。

授乳が終了し，離乳食を食べるようになると，嫌気性菌の *Bacteroides* や *Eubacterium*，嫌気性連鎖球菌などが増殖し，各個人固有の細菌叢が形成される。老齢期に入ると *Bifidobacterium* は減少し，*Clostridium perfringens*（ウェルシュ菌）や乳酸桿菌，大腸菌，腸球菌などが増加する。

成年期の細菌叢の最優勢菌種は *Bacteroideseae* で $10^{11}$ 個/g 程度となり，続いて *Eubacteria*，*Bifidobacteria*，*Peptostreptococci*，*Clostridia* などが $10^8$ 〜 $10^{10}$ 個/g 存在している。そのほか，*Enterococci*，*Lactobacilli*，*Veilonella* などが $10^6$ 個/g 以上存在している。*Clostridium perfringens* は $10^3$ 個/g 程度，*Staphyrlococcus* が $10^2$ 個/g 程度存在している。

腸内細菌叢は個人ごとに異なっているが，個体では比較的安定している。細菌叢は長期的な食生活や生理的な機能の変化，加齢，疾病，外科手術，抗生物質投与などにより影響を受け，変動する。

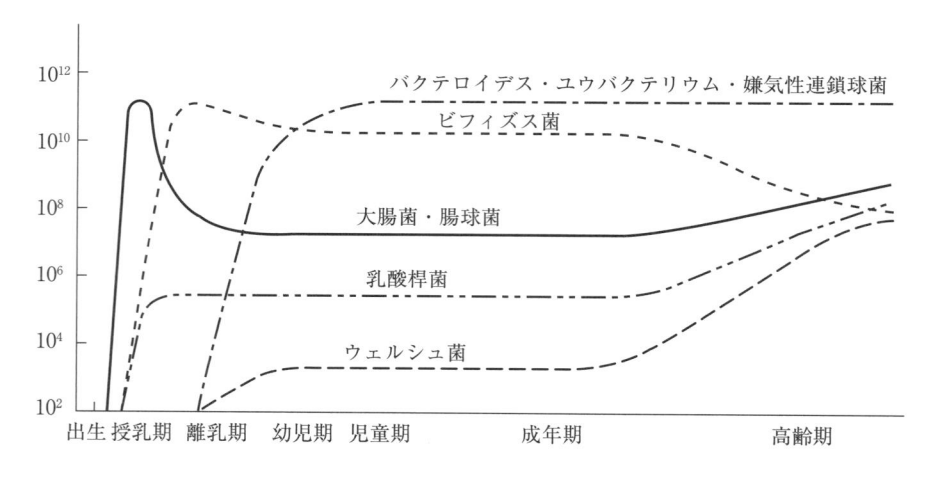

図 7-3 腸内細菌叢の経年変化

出典：光岡知足編『腸内フローラとプロバイオティクス』学会出版センター，1988，p.8 を著者改変

# 4 腸内細菌叢がヒトに及ぼす影響

## 4-1 ▶ 食品成分と腸内細菌および生産物

　腸内細菌叢は，食品成分やおのおのの微生物による生産物や微生物間の相互作用によりヒトの健康等に影響を与え，外来病原菌類の増殖阻害による腸管感染阻止，消化酵素では消化できない食物線維等の消化以外に，ビタミンなどの合成などヒトに有益な側面を有してる。しかし一方で，アミン類やアンモニアなどの腐敗産物や細胞毒素の生産をはじめとして，ニトロソ化合物や二次胆汁酸などの発がん物質を産生して，直接腸管に影響を与えるとともに，糖尿病などの生活習慣病や，発がんなどの疾病の原因ともなっている可能性がある。代表的な腸内細菌と生産物等との関連を図7-4に示した。

　ヒトが直接消化できない難消化性食物繊維類は，*Bacteroides* や *Clostridium* の菌により代謝され，短鎖揮発性脂肪酸（SVFA）と呼ばれる酢酸，酪酸，プロピオン酸を生成し，ヒトのエネルギー源ともなっている。SVFAはシグナル伝達物質でもあり，

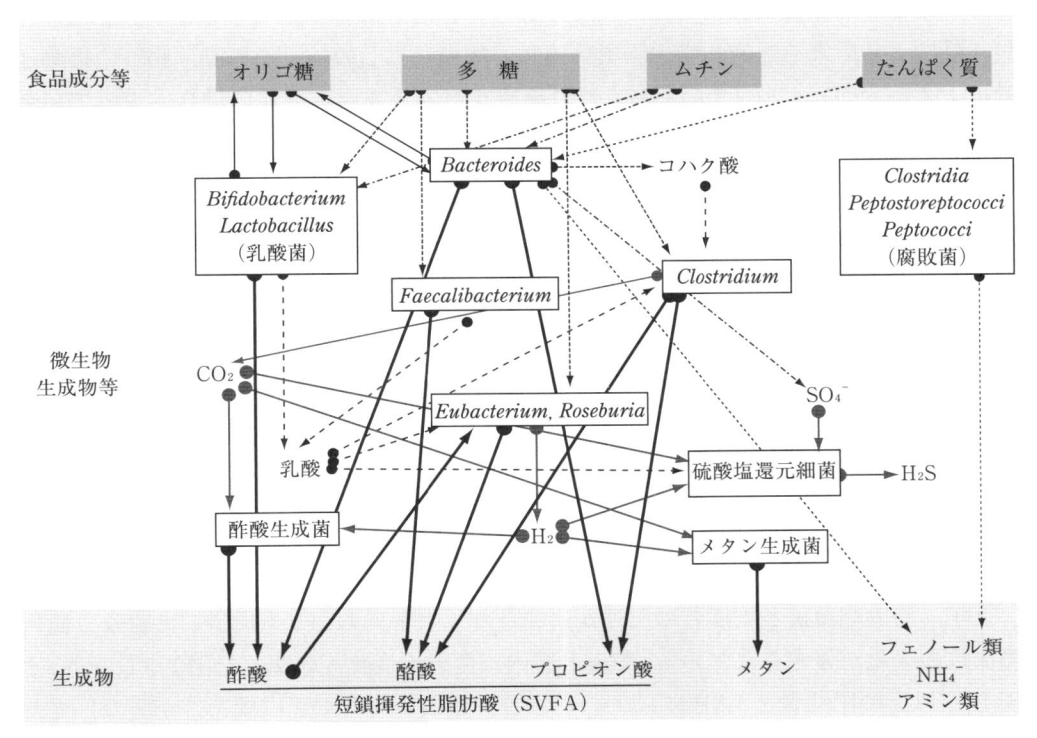

図7-4　食品成分や腸内細菌の生成物と相互関係

消化管ホルモンの分泌を介して，摂食，胃からの食物の排出，腸管運動に影響を与えている。

たんぱく質の一部は，*Clostridia*, *Peptostreptococci*, *Peptococci* など腐敗菌の代謝を受けて，アミン類やアンモニア，フェノール類を生成し，健康に影響を与えることがある。腸管運動が低下すると，食事成分の排出速度も低下する。この際，高たんぱく質で低繊維の食事が多く，*Clostridium* が多く乳酸生成菌が少ない細菌叢では腸管内でのアミン類などが増加する。

## 4-2 ▶腸内細菌叢と外来微生物

腸内細菌叢は安定的で，外来病原菌を排除するとともに生育を阻害することにより，腸管感染を阻止している。*Bifidobacterium* や *Lactobacillus* は食品のオリゴ糖などを利用して生育し，乳酸を生産する。乳酸はそれ自体でpHを低下させるとともに，*Clostridium* や *Eubacterium* などによる SVFA の生成を誘導する。SVFA の濃度は100 mmol/L 以上になり，腸管内の pH は 5～6 程度に低下し，外来微生物の増殖は抑制される。これとは別に，一部の乳酸菌は抗菌性のペプチドであるバクテリオシンを生産する。バクテリオシンのなかには抗リステリア菌活性を有するものもあり，腸管内での外来微生物や腐敗菌の増殖抑制の要因の一つとなっている。

たとえば，病原性大腸菌 O157：H7（O157）は，経口的に摂取した後，胃の低 pH と胆汁酸による阻害を通過して大腸に到達し，増殖をはじめる。この際，腸管の蠕動運動による排除が行われるが，O157 の増殖速度が排除速度より速い場合，大腸で菌数が増大する。また，すでに定着してる微生物との間で，定着の場や栄養素，増殖抑制物質の産生などにより競合が生じる。一般的に微生物は個数が少ない場合には増殖速度は緩慢であり，一定以上の個数が確保されてから増殖速度は上昇して微生物数が一気に増大する。そのため，十分に腸内細菌叢が安定的に形成されている場合，O157 のような外来の病原性微生物も腸管内で十分な増殖を行う前に排出されて行く。

さらに，O157 では腸内細菌によるプロリンの競合が生じたり，嫌気状態での酢酸と乳酸の存在（図7-4）による運動性の低下によって生育は抑制されるとともに排泄されやすくなる。O157 による感染は幼児と高齢者に多く，腸内細菌叢の変動しやすい時期や腸内細菌数の少ない時期と一致している。

## 4-3 ▶肥満と腸内細菌

近年，腸内細菌叢と肥満との関連が研究され，ヒトにおいても肥満にともなう腸内細菌叢の変化が報告されている。肥満と腸内細菌叢の変化等の関連を図7-5 に示した。BMI30 以上の肥満者と BMI24 以下の正常者を比較すると，腸内細菌叢が異なっており，肥満者は正常者に比べて *Bifidobacterium* や *Akkermansia*, *Bacteroides* などが減

少し，*Clostridium* などが増加する。また肥満者は正常者に比べて微生物の多様性も減少している。さらに高脂肪食では，腸内細菌叢に占めるグラム陰性菌の比率が上昇する。

　肥満者の腸管では，タイトジャンクションを形成するたんぱく質である ZO-1 やオクルジンが減少している。また内因性カンナビノイドの一つであるアナンダミドが増加し，インスリン抵抗性と $\beta$ 細胞機能不全を起こすことが知られている $CB_1$ 受容体（$CB_1R$）の発現性が増加している。そのため，腸管浸透性は増加し，腸管内に生息するグラム陰性菌が生産する LPS（リポ多糖，エンドトキシン，内毒素）の血中濃度は上昇する。血中 LPS 濃度と総エネルギー摂取量は正の相関を示す。グラム陰性菌の細胞壁構成成分である LPS は腸管から体内に入り，マクロファージなどを刺激して，炎症性サイトカイン産生を誘導する。この炎症性サイトカインは，肝臓や筋肉等でインスリンのシグナル伝達を阻害し，インスリン抵抗性が増加するとされている。

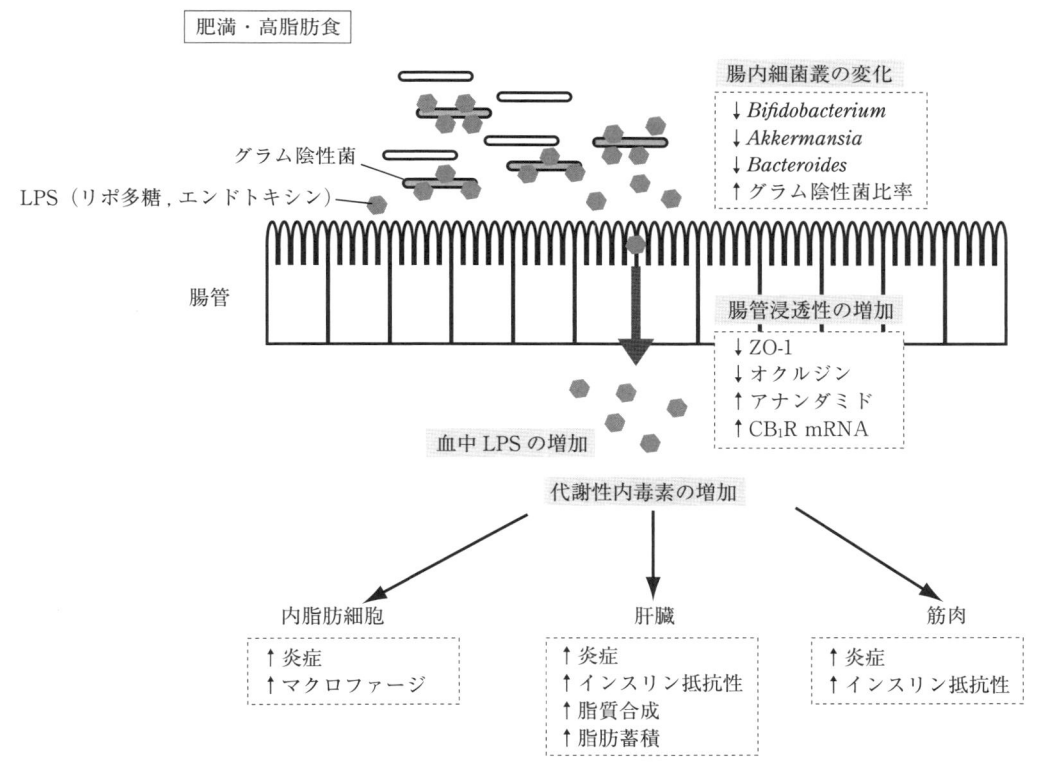

図 7-5　肥満と腸内細菌叢等の変化の関係

## 5 プロバイオティクスとプレバイオティクス

### 5-1 ▶ プロバイオティクス

　プロバイオティクスとは，生菌または死菌とその代謝物質を含む微生物で，粘膜表面における微生物ないし酵素のバランスを改善したり免疫機能を刺激することを目的とするもので，広くは，機能を有する微生物の摂取により口腔や腸内細菌叢に作用して疾病の予防や改善を行う，というものである．使用するのは，乳酸菌や納豆菌，酪酸菌などの生菌やこれらの生菌を含む発酵食品や加工製品などである．特に乳酸菌で多くの研究が行われ，特定保健用食品などへ開発が進められている．

　プロバイオティクスの代表的な機能に，整腸作用があげられる．たとえば，*Lactobacillus* や *Bifidobacterium* を含む菌製剤や発酵乳を慢性的な便秘を訴える人たちに投与すると，便通が改善，排便回数が増加し，便秘症状が軽減することが知られている．同様に，腸管内の *Lactobacillus* や *Bifidobacterium* が増加し，*Clostridium* や *Bacteroides*，*Enterobacteriaseae* が減少して腸内細菌叢が正常化することや，腸内細菌叢の形成が遅れている低体重児に *Bifidobacterium* を投与することにより，菌叢形成が促進され感染症防止に有用であることが示唆されている．このほか，ピロリ菌の増殖抑制，血圧降下，脂質代謝の改善，免疫調節作用，アレルギー抑制作用，発癌抑制作用などが報告，利用されている．

### 5-2 ▶ プレバイオティクス

　プレバイオティクスは，腸内の有用菌の増殖を促進したり，あるいは，有害菌の増殖を抑制し，その結果，腸内浄化作用によって宿主の健康に有利に作用する難消化性食品成分で，胃や小腸で分解，吸収されないで大腸に達し，腸管内の有益な細菌の選択的な栄養源となって増殖を促進することにより，腸内細菌叢を正常に維持してヒトの健康の増進維持に役立つ食品成分である．フラクトオリゴ糖やガラクトオリゴ糖，キシロオリゴ糖，ラフィノースなどの難消化性のオリゴ糖やイヌリンやポリデキストロースなどの食物繊維などが利用されている．プレバイオティクスは腸内細菌叢に影響を与える成分であり，*Lactobacillus* や *Bifidobacterium* の増殖促進，整腸作用，免疫調節機能などが報告，利用されている．

> **コラム** ヨーグルトのおいしい食べ方，利用法
>
> 　最近，ヨーグルトは乳酸菌の効果により，インフルエンザの予防が期待されたり，ラクトフェリンによるノロウイルスの感染予防ができたりするなど，さまざまな機能性がいわれている。また，腸内で乳糖を分解する消化酵素ラクターゼの活性が低い乳糖不耐症の人でも食べられるなど，注目されている。牛乳と同じように，たんぱく質，脂質，糖質，ミネラル，ビタミンなど栄養のバランスもよく，カルシウムも豊富である。
>
> 　手軽に，おいしくヨーグルトを食べる方法を次にあげる。
> ①抹茶ヨーグルト：抹茶または粉末にした茶葉とはちみつやジャムをプレーンヨーグルトに混ぜる。
> ②アイスクリーム：プレーンヨーグルト（500 g）に生乳（1パック），いちご（1パック）または季節の果物，砂糖（適量）をミキサーにかけて，冷凍する。20分くらいで，一度かき混ぜた後，凍らせる。
> ③ドレッシング：プレーンヨーグルトに粒マスタードを混ぜる。
> 　　　　　　　　　　　　　　　　　　　　　　　　　　　　　　　　　　（谷口亜樹子）

> **コラム** レジスタントスターチ（Resistant starch）
>
> 　レジスタントスターチとは，消化されないでんぷんという意味である。人間の小腸ではあまり消化されず大腸に運ばれて，大腸の腸内細菌により発酵され，脂肪酸，有機酸が生成され，腸を刺激するほか，腸内環境を弱酸性にし，整腸効果や生活習慣病の予防効果が期待されている。腸内細菌の有用細菌を増殖する効果があるということになる。食物繊維に分類されるため，エネルギーになりにくく，不溶性食物繊維と水溶性食物繊維の両性質をもっている。
>
> 　食品に多く含まれ，ご飯やポテトを冷やして食べることにより，でんぷんが老化して再結晶化するため，消化しにくいこのレジスタントスターチが増えることになる。ほかに高アミロースでんぷんなどがこのレジスタントスターチにあてはまる。難消化性デキストリンとは構造，性質が異なる。
> 　　　　　　　　　　　　　　　　　　　　　　　　　　　　　　　　　　（谷口亜樹子）

# 第8章

# 感染症

　感染症は，環境中に存在する病原微生物が宿主（host）の体内に侵入後，組織に定着し，増殖することで発症する。このような状態を感染（infection）という。感染が成立した結果，体内に何らかの臨床症状が生じた場合を発症，すなわち感染症（infectious disease）に罹患したと判断する。

　感染症は，宿主に感染して症状があらわれる場合（顕性感染）と，はっきりとした症状があらわれない場合（不顕性感染，無症状病原体保有者）がある。不顕性感染者は，知らない間に保菌者（キャリア）となって病原体を排泄し，感染源となって感染を拡げる可能性が高いので，しばしば問題となる。

## 1 感染症法による分類

### 1-1 ▶新興感染症と再興感染症

　感染症は地球規模でみると，いまだに人びとの生命を奪う恐ろしい疾患である。WHO（世界保健機関）では，1997年に新興・再興感染症について，次のように定義している。すなわち新興感染症は「それまで知られていない新しく認識された感染症で，局地的あるいは国際的に公衆衛生上問題となる感染症」のことであり，再興感染症は「既知の感染症の中で，すでに公衆衛生上問題とならないまでに患者数が減少した感染症のうち，再び流行して患者数が増加したもの」と定義している。新興感染症は，1970年以降，ウイルス，細菌，リケッチア，クラミジア，寄生虫など数多くの病原体が出現している（表8-1）。

　1990年以降，新興・再興感染症が世界的にも問題となってきたのにはいくつかの原因がある。主としては先進国と発展途上国間の世界的な人の移動の活発化，国際間での食材の輸出入が盛んとなったことなどが密接に関係している。さらには地球温暖化，都市化の集中によって清潔な飲料水の入手が困難なことも大きな要因と考えられている。WHOは全世界で少なくとも毎年感染症によって1,700万人が死亡していると発表しているが，21世紀になった今日においても，前述した要因は改善されておらず，新興・再興感染症の脅威は決して衰えてはいない。

表 8-1 1970 年以降,明らかとなった新興感染症

| 種　類 | 発見年 | 病原体 | 疾　患 |
|---|---|---|---|
| ウイルス | 1973 | ロタウイルス | 小児下痢症 |
| | 1975 | パルボウイルス | 伝染性紅斑 |
| | 1977 | エボラウイルス | エボラ出血熱 |
| | 1977 | ハンタウイルス | 腎症候性出血熱 |
| | 1980 | T 細胞白血病ウイルス | 成人 T 細胞白血病,HAM |
| | | D 型肝炎ウイルス | 肝炎 |
| | 1982 | HTLV-2 ウイルス | hairly cell 白血病 |
| | 1983 | ヒト免疫不全ウイルス（HIV） | AIDS |
| | 1988 | E 型肝炎ウイルス（HEV） | 肝炎 |
| | | ヒトヘルペスウイルス 6（HHV-6） | 突発性発疹 |
| | 1989 | C 型肝炎ウイルス（HCV） | 肝炎,肝細胞がん |
| | 1991 | ガナリトウイルス | ベネズエラ出血熱 |
| | 1993 | ハンタウイルス | ハンタウイルス肺症候群 |
| | 1994 | サビアウイルス | ブラジル出血熱 |
| | 1995 | ヒトヘルペスウイルス 8（HHV-8） | カポジ肉腫 |
| | 1997 | インフルエンザ A ウイルス（H5N1） | 鳥インフルエンザのヒト感染 |
| | 1999 | ニパウイルス | 脳炎 |
| | 2003 | SARS コロナウイルス | 重症急性呼吸器症候群 |
| | 2009 | 新型インフルエンザ A ウイルス（H1N1） | パンデミックインフルエンザ |
| 細　菌 | 1976 | レジオネラ | レジオネラ肺炎 |
| | 1977 | カンピロバクター | 胃腸炎,ギラン・バレー症候群 |
| | 1981 | TSST 産生黄色ブドウ球菌 | 毒素性ショック症候群 |
| | 1982 | 腸管出血性大腸菌（O157：H7） | 出血性大腸炎,溶血性尿毒症症候群 |
| | | ボレリア | ライム病 |
| | 1983 | ヘリコバクター・ピロリ | 胃潰瘍,胃がん |
| | 1992 | ベンガル・コレラ（O139） | 新型コレラ |
| リケッチア | 1989 | エーリッキア | エリーキア症 |
| | 1992 | バルトネラ | ネコひっかき病 |
| | | 日本紅斑熱リケッチア | 日本紅斑熱 |
| クラミジア | 1989 | 肺炎クラミジア | クラミジア肺炎 |
| 原　虫 | 1976 | クリプトスポリジウム | 下痢症（水系感染） |
| | 1986 | サイクロスポラ | 下痢症（水系感染） |
| 寄生虫 | 1985 | 偏性細胞内寄生原虫（bieneusi） | 持続性下痢症 |
| | 1991 | 偏性細胞内寄生原虫（hellem） | 結膜炎,全身性疾患 |
| | | バベンシア | 非定型性バベンシア症 |
| | 1993 | 偏性細胞内寄生原虫（cunili） | 全身性疾患 |
| プリオン | 1986 | プリオン | ウシ海綿状脳症 |
| | 1996 | プロテアーゼ抵抗性プリオン蛋白 | 新変異型クロイツフェルト・ヤコブ病 |

出典：日本感染症学会編『感染症専門医テキスト第 I 部解説編』南江堂,2011,p.535 を著者改変

## 1-2 ▶ 感染症法（感染症の予防及び感染症の患者に対する医療に関する法律）

### ❶ 感染症法の制定

　1897（明治30）年に伝染病予防法が制定されて以来，わが国では法定伝染病，指定伝染病，届出伝染病に分類して感染症の防止をはかってきた。しかし，100年以上が経過し，その間の衛生状態の改善や医学の進歩，特にワクチンによる予防対策の確立や治療薬の開発によって，患者数も徐々に減少してきた。わが国においても，かつて猛威をふるった細菌性赤痢やコレラによる患者も著しく減少し，伝染病予防法としての役割は十分果たされたと思われた。

　一方，近年では国際交流の活発化に伴うエボラ出血熱，エイズ等に代表される新興感染症の出現により，感染症を取り巻く環境は大きく変化してきた。日本では1996（平成8）年には学校給食を原因とした腸管出血性大腸菌O157：H7の大規模食中毒が発生し，厚生労働省ではこれを機会に，あらためて感染症対策を見直し，1998（平成10）年10月に伝染病予防法，性病予防法，エイズ予防法を統合して，「感染症の予防及び感染症の患者に対する医療に関する法律」，すなわち感染症法を制定し，翌年4月1日から施行した。感染症法は発生やその広がりの可能性を判断するためにも，国立感染症研究所感染症疫学センターを中心としたサーベイランスの強化を図りつつ，感染症をまとめている。

　2001（平成13）年9月11日の米国同時多発テロ以降の炭疽，天然痘等の生物テロ対策や，2003（平成15）年に流行した重症急性呼吸器症候群（SARS）の影響により，緊急時の感染症対策強化，動物由来感染症に対する対策の強化により，2003年11月に一部改正を行った。2007（平成19）年4月の改正は，バイオテロ対策の強化をするうえで，病原体の所持，移動その他の取扱いについても，法令で定めるとともに，結核予防法を廃止して感染症法に統合することを目的としたものである。また，2008（平成20）年5月には鳥インフルエンザウイルスA型（H5N1）からの新型インフルエンザが世界的に流行することを危惧して，被害を最小限にするべく検疫の強化や法整備を行い，現在の感染症法の分類となった。

### ❷ 感染症の分類

　表8-2に示すように，1類感染症（7疾患）は感染力，罹患した際の重篤度等を総合的に判断して危険性が極めて高い感染症で，原則入院を要する。2類感染症（5疾患）は，1類感染症についで危険性の高いもので，必要に応じて入院措置を取らなければならない。3類感染症（5疾患）は，腸管感染症が分類されており，1，2類感染症に比較して危険性はそれほど高くはないが，感染力が強いので特定の職業，すなわち飲食物を扱う業種への就業は「制限」する必要がある。4類感染症（43疾患）はヒトか

表 8-2　感染症の類型の特徴

| | 性　格 | 主な対応措置 | 届　出 |
|---|---|---|---|
| 1類 | 感染力，罹患した場合の重篤性に基づき危険性のきわめて高い感染症 | 原則入院，消毒等の対物措置 | 直ちに |
| 2類 | 感染力，罹患した場合の重篤性に基づき危険性の高い感染症 | 状況に応じて入院，消毒等の対物措置 | |
| 3類 | 危険性は高くないが特定の職業への就業によって集団発生を起こしえる感染症 | 特定職種への就業制限，消毒等の対物措置 | |
| 4類 | ヒトからヒトへの感染はほとんどないが，動物や飲食物等を介して感染する | 動物の措置を含む消毒等の対物措置 | |
| 5類 | 国が発生動向調査を行い，必要な内容を国民に情報を提供して，発生・拡大を防止 | 感染症発生状況の収集，結果の公開 | 7日以内翌週月曜 or 翌月初日 |
| 新型インフルエンザ等感染症 | 新たにヒトからヒトに感染する能力を有するもの　再興感染したインフルエンザ | 感染症発生状況の収集，結果の公開 | 直ちに |
| 指定感染症 | 既知の感染症の中で1～3類に分類されないもの（1年限定） | 1～3類感染症に準じる | 直ちに |
| 新感染症 | ヒトからヒトへ感染する疾病で，既知の感染症と明らかに異なるもので，危険性のきわめて高い感染症 | 1類感染症に準じる | |

出典：厚生労働省関係法令「感染症発生動向調査事業実施要綱第1」（2013年10月14日）

らヒトへの感染はほとんどないが，動物や飲食物を介して感染する疾患である。5類感染症は，国が感染症発生動向調査を行い，その結果に基づいて必要な情報を国民や医療関係者に提供していくことで，発生・拡大を防止する感染症で，全数把握（18疾患）と定点把握に分けて対応している。特に麻しん・風しんは，当初小児科定点報告であったが，わが国では2012（平成24）年までの麻しん排除を目標に掲げて全数把握に切り替えた。その他指定感染症，新感染症，新型インフルエンザ等感染症に分類される（表8-2，8-3参照）。

　なお，感染症法の疾患については法律第12条および14条に基づき，感染症の患者を診断した医師は保健所長を経由して都道府県知事に届け出ることが定められている。

# 2　学校感染症

　学校感染症は，第一種，第二種，第三種に大別され，その種類および出席の停止期間の基準は学校保健安全法施行規則第18条および19条に定められている。

　学校感染症の第一種は，感染症法に定められている第1類感染症と結核を除く2類感染症を合わせた11疾患で，通常，学校や幼稚園，保育所等には縁がない疾患であるが，感染力が強く，罹患した際の重篤性が極めて高い感染症である。第二種は学齢期特有の疾患で，飛沫感染あるいは空気感染（飛沫核感染）によって校内で流行する

表 8-3　感染症法における感染症の分類

| 感染症類型 | 疾病名 | 届出方法 定点種別 | 届出方法 時期 | 感染症類型 | 疾病名 | 届出方法 定点種別 | 届出方法 時期 |
|---|---|---|---|---|---|---|---|
| 1類感染症（7疾患） | エボラ出血熱 | 全数 | 直ちに | 5類感染症（46疾患） | アメーバ赤痢 | 全数 | 7日以内 |
| | クリミア・コンゴ出血熱 | | | | ウイルス性肝炎（E型・A型肝炎を除く） | | |
| | 痘そう（天然痘） | | | | 急性脳炎（ウエストナイル・西部ウマ・ダニ媒介，東部ウマ・日本・ベネズエラウマ脳炎，リフトバレー熱を除く） | | |
| | 南米出血熱 | | | | | | |
| | ペスト | | | | | | |
| | マールブルグ病 | | | | クリプトスポリジウム症 | | |
| | ラッサ熱 | | | | クロイツフェルト・ヤコブ病 | | |
| 2類感染症（5疾患） | 急性灰白髄炎（ポリオ） | 全数 | 直ちに | | 劇症型溶血性レンサ球菌感染症 | | |
| | 結核 | | | | 後天性免疫不全症候群（AIDS） | | |
| | ジフテリア | | | | ジアルジア症 | | |
| | 重症急性呼吸器症候群（SARSコロナウイルスであるものに限る） | | | | 侵襲性インフルエンザ菌感染症[4] | | |
| | 鳥インフルエンザ（H5N1） | | | | 侵襲性髄膜炎菌感染症[4] | | |
| 3類感染症（5疾患） | コレラ | 全数 | 直ちに | | 侵襲性肺炎球菌感染症[4] | | |
| | 細菌性赤痢 | | | | 先天性風しん症候群 | | |
| | 腸管出血性大腸菌感染症 | | | | 梅毒 | | |
| | 腸チフス | | | | 破傷風 | | |
| | パラチフス | | | | バンコマイシン耐性黄色ブドウ球菌感染症 | | |
| 4類感染症（43疾患） | E型肝炎 | 全数 | 直ちに | | バンコマイシン耐性腸球菌感染症 | | |
| | ウエストナイル熱（ウエストナイル脳炎を含む） | | | | 風しん | | |
| | A型肝炎 | | | | 麻しん | | |
| | エキノコックス症 | | | | インフルエンザ（鳥及び新型インフルエンザを除く） | インフルエンザ基幹[3] | 次の月曜 |
| | 黄熱 | | | | RSウイルス感染症 | 小児科 | 次の月曜 |
| | オウム病 | | | | 咽頭結膜熱 | | |
| | オムスク出血熱 | | | | A群溶血性連鎖球菌咽頭炎 | | |
| | 回帰熱 | | | | 感染性胃腸炎 | | |
| | キャサヌル森林病 | | | | 水痘 | | |
| | Q熱 | | | | 手足口病 | | |
| | 狂犬病 | | | | 伝染性紅斑 | | |
| | コクシジオイデス症 | | | | 突発性発しん | | |
| | サル痘 | | | | 百日咳 | | |
| | 重症熱性血小板減少症候群 | | | | ヘルパンギーナ | | |
| | 腎症候性出血熱 | | | | 流行性耳下腺炎 | | |
| | 西部ウマ脳炎 | | | | 急性出血性結膜炎 | 眼科 | 次の月曜 |
| | ダニ媒介脳炎 | | | | 流行性角結膜炎 | | |
| | 炭疽 | | | | クラミジア肺炎（オウム病を除く） | 基幹 | 次の月曜 |
| | チクングニア熱 | | | | 細菌性髄膜炎（髄膜炎菌性髄膜炎は除く） | | |
| | つつが虫病 | | | | マイコプラズマ肺炎 | | |
| | デング熱 | | | | 感染性胃腸炎（ロタウイルスに限る） | | |
| | 東部ウマ脳炎 | | | | 性器クラミジア感染症 | STD | 翌月初日 |
| | 鳥インフルエンザ（鳥インフルエンザ（H5N1），（H7N9）を除く） | | | | 性器ヘルペスウイルス感染症 | | |
| | ニパウイルス感染症 | | | | 尖圭コンジローマ | | |
| | 日本紅斑熱 | | | | 淋菌感染症 | | |
| | 日本脳炎 | | | | ペニシリン耐性肺炎球菌感染症 | 基幹 | 翌月初日 |
| | ハンタウイルス肺症候群 | | | | メチシリン耐性黄色ブドウ球菌感染症 | | |
| | Bウイルス病 | | | | 薬剤耐性アシネトバクター感染症 | | |
| | 鼻疽 | | | | 薬剤耐性緑膿菌感染症 | | |
| | ブルセラ症 | | | 新型感染症[1] | 新型インフルエンザ[2] | 全数 | 直ちに |
| | ベネズエラウマ脳炎 | | | | 再興型インフルエンザ | | |
| | ヘンドラウイルス感染症 | | | 指定感染症 | インフルエンザ（H7N9） | 全数 | 直ちに |
| | 発疹チフス | | | | | | |
| | ボツリヌス症 | | | | | | |
| | マラリア | | | | | | |
| | 野兎病 | | | | | | |
| | ライム病 | | | | | | |
| | リッサウイルス感染症 | | | | | | |
| | リフトバレー熱 | | | | | | |
| | 類鼻疽 | | | | | | |
| | レジオネラ症 | | | | | | |
| | レプトスピラ症 | | | | | | |
| | ロッキー山紅斑熱 | | | | | | |

1) 新型インフルエンザ等感染症
2) 新型インフルエンザ（A/H1N1）については2009年8月25日から届出方法が全数→定点に変更
3) インフルエンザの基幹定点の届出対象者は入院した者
4) 髄膜炎菌性髄膜炎は2013年3月31日をもって届出対象疾患から外れ，侵襲性髄膜炎菌感染症に含まれる
5) 2013年4月1日以降の診断による髄膜炎菌による髄膜炎や敗血症は，すべて侵襲性髄膜炎菌感染症に含まれるが，2013年3月31日までに髄膜炎菌性髄膜炎と診断された症例については，遅れ報告として，髄膜炎性髄膜炎への届出となる。

出典：厚生労働省関係法令「感染症発生動向調査事業実施要綱第1」

表 8-4　学校において予防すべき感染症

| | 感染症の種類 | 考え方 | 出席停止の期間の基準 |
|---|---|---|---|
| 第一種 | エボラ出血熱，クリミア・コンゴ出血熱，痘そう，南米出血熱，ペスト，マールブルグ病，ラッサ熱，急性灰白髄炎，ジフテリア，重症急性呼吸器症候群，鳥インフルエンザ（H5N1） | 感染症法の1類感染症および2類感染症（結核を除く） | ・治癒するまで |
| 第二種 | インフルエンザ〔鳥インフルエンザ（H5N1）を除く〕 | 飛沫感染する感染症で児童，生徒の罹患が多く，学校において流行性が高いもの | ・発症後，5日間を経過し，かつ解熱した後2日間（幼児にあっては3日間）を経過するまで |
| | 百日咳 | | ・特有の咳が消失するまで，または5日間の適正な抗菌性物質製剤による治療が終了するまで |
| | 麻しん | | ・解熱した後3日間を経過するまで |
| | 流行性耳下腺炎 | | ・耳下腺，顎下腺または舌下腺の腫脹が発現した後5日間を経過し，かつ全身状態が良好になるまで |
| | 風しん | | ・発疹が消失するまで |
| | 水痘 | | ・すべての発疹が痂皮化するまで |
| | 咽頭結膜熱 | | ・主要症状が消退した後2日間を経過するまで |
| | 結核，髄膜炎菌性髄膜炎[1)] | | ・病状により学校医，その他の医師が伝染病のおそれがないと認めるまで |
| 第三種 | コレラ，細菌性赤痢，腸管出血性大腸菌感染症，腸チフス，パラチフス，流行性角結膜炎，急性出血性結膜炎，その他の感染症[2)] | 学校教育活動を通じ，学校において流行を広げる可能性があるもの | ・病状により学校医，その他の医師が伝染病のおそれがないと認めるまで |

1) 髄膜炎菌性髄膜炎は 2013 年 3 月 31 日をもって届出対象疾患から外れ，侵襲性髄膜菌感染症に含まれる。
2) 学校教育活動を通じ，何らかの感染症のまん延により，流行する可能性があるものは，その流行を防ぐため，必要があれば校長が学校医の意見を聞いて第三種感染症としての措置を取ることができる感染症。
出典：文部科学省「学校において予防すべき感染症の解説」

可能性の高い感染症として規定されている。第三種は学校教育活動を通じ，学校において流行を広げる可能性があるもので，腸管出血性大腸菌感染症，コレラ，細菌性赤痢といった経口感染および眼性感染症のほか，法の改正後も残されている「その他の感染症」からなっている（表 8-4）。

●学校保健安全法施行令
第6条　校長は，法第19条の規定により出席を停止させようとするときは，その理由及び期間を明らかにして，幼児，児童又は生徒（高等学校（中等教育学校後期課程及び特別支援学校の高等部を含む。以下同じ。）の生徒を除く。）にあつてはその保護者に，高等学校の生徒又は学生にあつては当該生徒又は学生にこれを指示しなければならない。
2　出席停止の期間は，感染症の種類等に応じて，文部科学省令で定める基準による。

これらの学校感染症に関しては，公衆衛生学上の防疫活動の緊急性と強行性を確保し，学校保健安全法施行令第6条にしたがって，学校長によって指示されるものである。

出席停止期間の基準については第一種では，感染症法に基づいた措置がとられるようになっている。すなわち，無症状病原体保有者（不顕性感染者）を含め，原則として入院・治療を受けるので，出席停止期間の基準は，すべての疾患において「治癒するまで」とされている。第二種の学齢期に特有な疾患は，それぞれ出席停止期間が定められているが，病勢によっては，学校医等が「予防上支障がないと認めたときはこの限りではない」という弾力的な取り扱いがなされている。基準のない第二種および第三種感染症は，「感染のおそれがないと認めるまで」と定められ，医師の判断にゆだねられている。

出席停止期間の判断については，インフルエンザを例にあげて図8-1に示した。

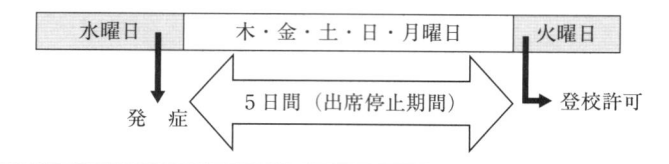

| 水曜日 | 木・金・土・日・月曜日 | 火曜日 |
|---|---|---|
| ↓発症 | ←5日間（出席停止期間）→ | →登校許可 |

事例：インフルエンザ（発症した後5日を経過しての登校）
高熱が出た日を発症日と考え，その翌日を1日目と数えることが多い。いずれにしても医師等へ相談の上，適切な対応をとることが重要である。

**図8-1　出席停止期間の数え方**
出典：表8-4と同じ，p.61

感染症の流行にともなう学校閉鎖，学級閉鎖の集団的な臨時休業は，学校の設置者（教育委員会および私立学校は理事会）に，児童，生徒，学生らの個人の出席停止は学校長，学長の権限で指示され，学校医は必要な助言と防疫措置の指導に携わる。

なお，結核については，2003（平成15）年4月の学校保健法施行規則の改正により，それまで小学校および中学校の第一学年において一律に実施してきたツベルクリン反応検査を廃止するとともに，結核の早期発見・早期治療の機会を確保するよう，全学年で問診を行うこととなった。

## ❸ 感染の経路

感染は，前述のごとく病原体が体内に侵入・定着・増殖することによって引き起こされる。ここでは疾病の成り立ちを感染源，感染経路，感受性に分けて概説する。

## 3-1 ▶感染源

感染は病原体が外界から何らかの影響を受けて体内（宿主）伝播する外因感染によるものと，もともと宿主が保有している常在微生物が何らかの要因によって増殖する内因感染によって発症するものがある。その割合は，外因感染によるものが圧倒的に多い。

### ❶ 病原体保有動物

病原体を保有しているカ，シラミ，ノミ，ダニやゴキブリなどの動物は，接触することによって宿主に病原体をうつしていく（表 8-5）。また，人畜共通感染症は，家畜などの脊椎動物が保菌動物となって病原体を外界に排出している場合が多いので，害虫を駆除するとともに家畜の衛生管理には十分な感染防御対策が図られるべきである。

表 8-5　媒介動物によって発症する感染症

| 感染症 | 媒介動物 | 病原体 |
| --- | --- | --- |
| ペスト | ネズミ | ペスト菌 |
| 日本脳炎 | アカイエカ | 日本脳炎ウイルス |
|  | コガタアカイエカ |  |
| デング熱 | 熱帯シマカ | デングウイルス |
|  | ヒトスジシマカ |  |
| 黄熱 | 熱帯シマカ | 黄熱ウイルス |
|  | ヒトスジシマカ |  |
| マラリア | ハマダラカ | マラリア原虫（熱帯熱，三日熱，卵形，四日熱） |
| 発しんチフス | コロモジラミ | 発疹チフスリケッチア |
| 回帰熱（欧州型） | コロモジラミ | 回帰熱ボレリア（シラミ媒介性） |
| 回帰熱（アフリカ型） | ヒメダニ | 回帰熱ボレリア（ダニ媒介性） |
| ライム病 | マダニ類 | ライム病ボレリア |
| 日本紅斑熱 | マダニ類 | 日本紅斑熱リケッチア |
| ツツガムシ病 | ツツガムシ | ツツガムシ病リケッチア |

出典：土屋友房編『微生物学・感染症学』化学同人，2012，p.23 を著者改変

### ❷ 患者および保菌者

感染力の強い疾患に罹患している患者は，主要な感染源となりうる。このような患者に対しては，医療機関における適切な感染防御措置が取られなければならない。また，健康保菌者や病後保菌者は，表立った症状は見られないので見過ごされることが多いが，患者と同等の感染源になることに留意しなければならない。

## 3-2 ▶感染経路

感染源を介して病原微生物が伝播する様式は，ヒトからヒトあるいは動物からヒト

へ感染する水平感染と，母子感染である垂直感染がある。また，経路によって分けると経口感染，経気道感染，経皮感染などからなる。

### ❶ 経口感染

腸管感染症によるものが多く，病原微生物によって汚染を受けた飲料水および食物を摂取して感染する。コレラ菌，赤痢菌，腸管出血性大腸菌，腸チフス菌，パラチフス菌，E型およびA型肝炎ウイルスをはじめとする食中毒の原因菌，赤痢アメーバ，クリプトスポリジウムなどの原虫等が相当する。ノロウイルス等の糞口感染も，経口感染の一つである。

### ❷ 経気道感染

空気中に存在する病原微生物が呼吸を介して気道内に取り込まれた結果，引き起こされるもので，インフルエンザなどの呼吸器感染症によるものがほとんどである。患者からの咳，くしゃみや会話時のつばなどを介して飛沫物の直径が $5\mu m$ 以上のものが原因となるものを飛沫感染という。また，長期間空気中に浮遊した飛沫核（直径が $5\mu m$ 以下のもの）によって感染することを空気感染（飛沫核感染）と呼んでいる。

### ❸ 経皮感染

カ，ダニ，ノミおよびシラミに咬まれることによって病原虫卵が侵入するもので，間接接触感染ともいう。また，輸血や注射の際に誤って病原体が体内に侵入した場合も，広義には経皮感染としている。

### ❹ 経粘膜感染

皮膚や表在性粘膜を通して直接接触して感染するもので，直接接触感染ともいう。梅毒や淋病，トリコモナス症などの性行為による感染症（STD，性感染症）がその代表である。

## 3-3 ▶感受性

病気は，私たちの体力と毒力（感染力）のバランスの上で引き起こされる。宿主はさまざまな生体防御機構（自然免疫）を駆使して，外来微生物の侵入から身を守っている。しかし，その防御機構が低下したり，阻害されたりすると感染症にかかりやすくなる。図8-2に免疫の獲得方法を示したが，私たちが健康に過ごすためにも予防接種（抗原抗体反応）によって免疫力を高めていくことが重要である。

```
          ┌ 活動免疫     ┌ 自然活動免疫：出生後，自然感染により獲得
          │ （能動免疫） │     終身維持：麻しん，黄熱
          │             │     短期持続：インフルエンザ
          │             └ 人工活動免疫：予防接種により獲得
免 疫 ┤
          │ 受動免疫     ┌ 自然受動免疫：胎児が体内で胎盤を通したり，母乳を介して獲得
          │             │     生後6か月で消失
          └             └ 人工受動免疫：抗血清（γグロブリン）接種による防御
                              ウイルス性肝炎，麻しん，破傷風
```

図 8-2　免疫獲得方法

## ❶ 予防接種

　予防接種とは，特定の感染症を防止する目的でワクチンを接種することであるが，個人あるいは集団感染を予防するうえでも予防接種の果たす役割は大きい。

　ワクチンには，生ワクチン（弱毒性ワクチン），不活性化ワクチン，成分ワクチン，トキソイドがある。生ワクチンは，病原体の弱毒変異株を用いて行うので効果も高いが副作用も高い。麻しん，風しん等の予防接種として用いられる。

　不活性化ワクチンは，病原体を紫外線，加熱，ホルマリンなどの処理によって，不活性化し，有効成分を抽出・生成したものである。コレラや日本脳炎，狂犬病に使用される。

　成分ワクチンは，免疫獲得に必要な感染防御抗原だけを精製したものである。なかには遺伝子組換え技術を利用してつくられたものもある。インフルエンザ，百日咳，B型肝炎に利用されている。

　トキソイドは，細菌毒素の毒性をなくして免疫抗原を残すように処理されたもので，ジフテリア，破傷風などに使用される。

表 8-6　日本で接種可能なワクチンの種類

| | |
|---|---|
| 定期接種 | 生ワクチン |
| | BCG，麻しん・風しん混合（MR），風しん |
| | 不活性化ワクチン |
| | ポリオ，DPT/DT，DPT-IPV，日本脳炎，インフルエンザ（65歳以上，一部60〜64歳の対象者），肺炎球菌（7価結合型），b型インフルエンザ菌（Hib），HPV（ヒトパピローマウイルス）（2価，4価）[1] |
| 任意接種 | 生ワクチン |
| | 流行性耳下腺炎（おたふくかぜ），水痘，黄熱，ロタウイルス |
| | 不活性化ワクチン |
| | B型肝炎，インフルエンザ，破傷風トキソイド，ジフテリアトキソイド，A型肝炎，狂犬病，コレラ，肺炎球菌（23価多糖体），ワイル病秋やみ |

1）厚生労働省は2013年6月14日，接種の勧奨を一時的に控えるよう市町村に通達した。
出典：厚生労働統計協会編『国民衛生の動向 2013/2014』2013，p.157 より

表8-7　定期の予防接種

| | 対象疾病 | (ワクチン) | 接種 | | | 回数 |
|---|---|---|---|---|---|---|
| | | | | 対象年齢等 | 標準的な接種年齢等[2)] | |
| A類疾病[1)] | ジフテリア 百日せき 急性灰白髄炎 破傷風 | 沈降精製[3)4)], DPT不活化ポリオ混合ワクチン | 1期初回 | 生後3～90月未満 | 生後3～12月 | 3回 |
| | | | 1期追加 | 生後3～90月未満（1期初回接種（3回）終了後，6か月以上の間隔をおく） | 1期初回接種（3回）後12～18月 | 1回 |
| | | 沈降DT混合ワクチン | 2期 | 11～13歳未満 | 11～12歳 | 1回 |
| | 麻しん 風しん | 乾燥弱毒生麻しん風しん混合ワクチン，乾燥弱毒生麻しんワクチン，乾燥弱毒生風しんワクチン | 1期 | 生後12～24月未満 | | 1回 |
| | | | 2期 | 5歳以上7歳未満の者であって小学校就学の始期に達する日の1年前の日から当該始期に達する日の前日までの間にある者 | | 1回 |
| | 日本脳炎[5)] | | 1期初回 | 生後6～90月未満 | 3～4歳 | 2回 |
| | | | 1期追加 | 生後6～90月未満（1期初回終了後概ね1年をおく） | 4～5歳 | 1回 |
| | | | 2期 | 9～13歳未満 | 9～10歳 | 1回 |
| | 結核 | BCGワクチン | 生後6か月未満（地理的条件，交通事情，災害の発生その他の特別な事情によりやむを得ないと認められる場合においては，1歳未満） | | | 1回 |
| | ヒブ | 乾燥ヘモフィルスb型ワクチン | 初回3回 | 生後2月以上生後60月に至るまで | 初回接種開始は，生後2月～生後7月に至るまで（接種開始が遅れた場合の回数等は別途規定） | 3回 |
| | | | 追加1回 | | | 1回 |
| | 肺炎球菌（小児） | 沈降7価肺炎球菌結合型ワクチン | 初回3回 | 生後2月以上生後60月に至るまで | 初回接種開始は，生後2月～生後7月に至るまで（接種開始が遅れた場合の回数等は別途規定） | 3回 |
| | | | 追加1回 | | 追加接種は，生後12月～生後15月に至るまで | 1回 |
| | ヒトパピローマウイルス | 組換え沈降2価ヒトパピローマウイルス様粒子ワクチン/組換え沈降4価ヒトパピローマウイルス様粒子ワクチン | 小6～高1相当の女子 | | 中1 | 3回 |
| B類疾病[1)] | インフルエンザ | | ①65歳以上，②60歳以上65歳未満であって心臓，じん臓もしくは呼吸器の機能またはヒト免疫不全ウイルスによる免疫機能に障害を有するものとして厚生労働省令に定める者 | | インフルエンザの流行シーズンに間に合うように通常，12月中旬まで | 毎年度1回 |

資料：厚生労働省健康局調べ

1) 平成13年の予防接種法の改正により，対象疾病が「一類疾病」「二類疾病」に類型化され，平成25年の予防接種法の改正により「A類疾病」「B類疾病」とされた。両者は国民が予防接種を受けるよう努める義務（努力義務）の有無，法に基づく予防接種による健康被害が生じた場合の救済の内容などに違いがある。
2) 標準的な接種年齢とは，「定期接種実施要領」「インフルエンザ予防接種実施要領」（いずれも厚生労働省健康局長通知）の規定による。
3) ジフテリア，百日せき，破傷風，急性灰白髄炎の予防接種の第1期は，原則として沈降精製百日せきジフテリア破傷風不活化ポリオ混合ワクチンを使用する。
4) DPT-IPV混合ワクチンの接種部位は上腕伸側でかつ同一接種部位に反復して接種することはできるだけ避け左右の腕を交代で接種する。
5) 平成7年4月2日～19年4月1日生まれの者については，積極的勧奨の差し控えにより接種の機会を逃した可能性があることから，90月～9歳未満，13歳～20歳未満も接種対象としている。

出典：厚生労働統計協会編『国民衛生の動向 2013/2014』2013，p.159

予防接種は，国で定めた定期予防接種と任意に接種するものがある（表8-6）。定期接種はジフテリア，百日咳，破傷風，急性灰白髄炎（ポリオ），麻しん，風しん，日本脳炎，結核が対象となり，市町村長が予防接種法に基づき，対象者の年齢を限定し，設定した期間内に実施する。任意接種は医療機関が行うのもので，インフルエンザ，流行性耳下腺炎，水痘，A型・B型肝炎が対象である。予防接種と実施要領の概要を表8-7に示した。

# 4 主な感染症

## 4-1 ▶ 1類感染症

1類感染症は，感染力・症状の重さが最も高い。わが国では痘そうを除き，いずれの感染症も古くより患者の発生はみられていない。エボラ出血熱を代表とするウイルス性出血熱はアフリカや南米で流行しており，旅行者によるわが国への持ち込みには十分注意をしなければならない。わが国で1類感染症が発生した場合，診断した医師は直ちに保健所に届け出なければならず，患者は厚生労働大臣または都道府県知事の指定した第1種感染症指定医療機関（各都道府県に1か所）に入院し，治療することが定められている。

## 4-2 ▶ 2類感染症

2類感染症は，急性灰白髄炎（ポリオ），結核，ジフテリア，重症急性呼吸器症候群（SARS），鳥インフルエンザ（H5N1）の5疾患である。診断した医師は直ちに保健所に届出するとともに，患者は厚生労働大臣または都道府県知事が指定する第2種感染症指定医療機関にて入院・治療する。

### ❶ 急性灰白髄炎（ポリオ）

ポリオウイルスはピコルナウイルス科エンテロウイルス属である。1980年，WHOは「世界ポリオ根絶」に着手し，その効果はインドやナイジェリアの流行地を除き，多くの地域で消滅している。わが国での発生は1980年の1型ポリオを最後に野生株によるものは発生していないが，ワクチン株由来による患者が認められているので，2013（平成25）年9月1日より，不活性化ワクチンが導入されることになった。

感染経路は糞口感染で，3～6日間の潜伏期後発熱，倦怠感などの風邪様症状を発するとともに，頭痛，嘔吐などの髄膜刺激症状を呈する。麻痺は解熱する頃に出現する。90％以上が不顕性感染である。

## ❷ 結　核

結核菌（*Mycobacterium tuberculosis*）による疾患で，減少してきた罹患率は1997年以降増加に転ずるようになり，2007年以降は3万人前後の患者が認められている。

潜伏期は定まっていないが，感染後，3か月～2年後に発症するケースが多い。初期症状は咳，痰，微発熱が出るなど風邪様症状を呈すが，やがては全身倦怠，胸痛，食欲不振，血痰，喀血と症状は悪化し，呼吸困難を訴える。予防接種にはBCGワクチンが利用される。

## 4-3 ▶ 3類感染症

1類や2類感染症と比べて危険性は少ないが，食品を扱う職業に就くことは制限し，感染の拡大を防止するようにしている。患者や健康保菌者については，直ちに保健所に届ける。

### ❶ コレラ

コレラ菌（*Vibrio cholera*）は，グラム陰性の湾曲した桿菌で，単毛菌で運動性がある。汚染された飲食物を経口摂取して感染する。血清型はO1型でA，B，Cの3抗原因子をもち，その組み合わせによって小川型（AB），稲葉型（AC），彦島型（ABC）に分けられる。生物型による分類は，アジア型（古典型），エルトール型に大別され，コレラ毒素（コレラエンテロトキシン）を産生する。潜伏期は1～5日間で，米のとぎ汁様の水溶性下痢を呈する。ほとんどが海外旅行による輸入症例で，毎年数十人の患者が報告されている。

### ❷ 細菌性赤痢

赤痢菌は，グラム陰性桿菌の無毛菌で非運動性である。飲食物を介して経口感染する。感染性が強く，家族内感染がしばしば認められる。血清型による分類ではA亜群：志賀赤痢菌（*Shigella dysenteriae*），B亜群：フレクスナー菌（*S. flexneri*），C亜群：ボイド菌（*S. boydii*），D亜群：ゾンネ菌（*S. sonnei*）に分けられ，近年はD亜群の割合が最も高い。

潜伏期は2～6日間で，発熱（38～39℃），腹痛，膿・粘血便，しぶり腹（テネスムス）の症状を示す。近年の患者数は数百人であるが，その70～80％が輸入症例である。

### ❸ 腸管出血性大腸菌感染症（Enterohemorrhagic *Escherichia coli*）

1982年にライリー（L. W. Riley）らによって明らかにされたもので，わが国では1990（平成2）年，浦和市の幼稚園で井戸水を介した食中毒や，1996（平成8）年の学校給食施設を中心とした全国規模の食中毒発生によって認知されるようになった。

本菌は牛の腸管内に生息することから，牛糞を肥料とした野菜や牛肉によるものが原因食品となっている。3類感染症としての患者数は，毎年3,000〜4,000名の発生がみられる。

### ❹ 腸チフス・パラチフス

原因菌はサルモネラ属菌である腸チフス菌（*Salmonella* Typhi）とパラチフス菌（*Salmonella* Paratyphi A）で，汚染を受けた食物・飲料水からの経口感染による。潜伏期は1〜2週間（平均10日）で，初期症状は全身倦怠，四肢の関節痛で，その後発熱（40℃前後），徐脈，バラ疹，脾腫，白血球の減少，腸出血，腸穿孔，急性心臓衰弱の合併症を起こす。患者のほとんどは輸入感染で，毎年数十名の発生がみられる。

## 4-4 ▶ 4類感染症

4類感染症は，媒介動物が原因となって引き起こされるもので，細菌，ウイルス，クラミジア，リケッチアによって起こる感染症である。

### ❶ A型肝炎ウイルス

A型肝炎ウイルスの原因菌は，ピコルナウイルス科ヘパトウイルス属である。経口感染で2〜6週間の潜伏期を経て38℃以上の高熱，悪心，嘔吐，下痢などの胃腸炎症状とともに黄疸などが出る。二枚貝が原因食品となる。患者は発展途上国に多くみられるが，わが国では1999〜2011年の間は768〜178名が発症している。発病初期を過ぎれば感染力は急速に低下するので，肝機能が正常になった者は登校することが可能である。

### ❷ E型肝炎ウイルス

ヘペウイルス科ヘペウイルス属のウイルスによって汚染された飲食物，特に豚肉や猪肉によって経口感染する。2〜6週間の潜伏期を経てA型肝炎ウイルスと同様な症状を呈する。通常，7〜10日間で症状は改善するが，妊婦には劇症化する場合がある。

### ❸ マラリア

原因となるマラリア原虫（*Plasmodium* 属）には，熱帯熱・三日熱・四日熱・卵形・不明マラリア原虫の5つに分けてサーベランスが行われている。いずれもハマダラカに刺されることによって感染する。マラリア患者は世界的には3〜5億人が推定され，死者も150〜270万人に達している。わが国では輸入感染例として約100名の患者が認められている。

### ❹ 日本脳炎

　日本脳炎はフラビウイルス科によって発症する疾患で，コガタアカイエカが媒介動物である．アジア地域に流行はみられるが，わが国では1999（平成11）年以降，患者数10名以下にとどまっている．

### ❺ エキノコックス症

　エキノコックス属条虫（多包条虫，単包条虫）によって発症するものであるが，わが国ではキタキツネやイヌの糞口感染によって北海道を中心に発生している．近年は多包条虫による疾患が増えているが，感染初期（約10年以内）は，ほとんどが無症状である．病気が進行するにしたがって肝腫大，腹痛，黄疸，肝機能障害などがあらわれる．

## 4-5 ▶ 5類感染症

　5類感染症は，診断から7日以内に届け出る全数把握（18疾患）と定点把握のものがある．

### ❶ 破傷風

　破傷風菌（*Clostridium tetani*）は，グラム陽性の偏性嫌気性の有芽胞菌で，太鼓のばち状の形状を示す菌である．土壌中に分布し，強力な神経毒を産生する．創傷感染して発症する．毎年100名前後の患者が認められる．

### ❷ 風しん

　トガウイルス科ルビウイルス属による疾患で，「三日はしか」ともいわれる．流行は春から初夏にかけて多発するが，最近は冬にも発生が認められ，季節性が薄れている．潜伏期は感染してから14～21日（平均16～18日）で，発熱，発疹，リンパ節腫脹（耳介後部，後頭部，頚部）が出現する．妊娠20週頃までの妊婦が感染すると，先天性風疹症候群（先天性心疾患，難聴，低出生体重，血小板減少性紫斑病等）の児が生まれる可能性が高い．2008（平成20）年以降，200名前後の患者の発生がある．

### ❸ 麻しん

　パラミクソウイルス科モルビリウイルス属の経気道感染によって発症する感染症である．くしゃみや咳の飛沫物によって伝播する．10～12日の潜伏期後，発熱，上気道症状および結膜炎といった初発症状を呈する．2, 3日後には麻しん特有のコプリック斑がみられ，続いて全身性の斑状疹が出現する．一般的には有効な治療薬はなく，対症療法がとられる．

### ❹ 百日咳

百日咳菌（*Bordetella pertussis*）を原因とする急性呼吸器感染症で，経気道からの感染経路をもつ。乳幼児から学童期までの小児が罹患するが，特に生後6か月以下の乳児では重症例が多い。潜伏期は1〜3週間で，カタル期は鼻汁，微熱，充血，倦怠感を，発作期は咳の発作や喘鳴，チアノーゼを起こす。

### ❺ 性感染症

性行為によって伝播するもので，全数把握の後天性免疫不全症候群，梅毒と定点把握の性器クラミジア感染症，性器ヘルペスウイルス感染症，淋菌感染症，尖圭コンジローマの6疾患がある。2011年の患者数は，後天性免疫不全症候群は1,535名，梅毒は827名，性器クラミジア感染症は25,682名，性器ヘルペスウイルス感染症は8,240名，淋菌感染症は10,247名，尖圭コンジローマは5,219名の患者が届出されている。

## 4-6 ▶新型感染症（インフルエンザ）

オルソミクソウイルス科のインフルエンザウイルスによって発症する急性呼吸器系感染症である。血清型別はA型，B型，C型に分けられるが，ヒトにインフルエンザを起こすものは，AおよびB型である。特にA型は世界的な流行を起こし，アジア型，香港型，ソ連型に分かれる。血清亜型はヘマグルチニン（H）とノイラミニダーゼ（N）の組み合わせによるが，2009年のブタ由来の新型インフルエンザはH1N1型である。季節性インフルエンザの流行は，毎年11月頃から始まり，1〜2月上旬にかけてピークを迎えるが，新型インフルエンザは初夏から秋にかけて流行のピークがあった。

**参考資料**

厚生労働省ホームページ「予防接種情報」
国立感染症研究所ホームページ「感染症発生動向調査年別一覧表」
国立感染症研究所ホームページ「病原微生物検出情報」
文部科学省スポーツ・青少年局学校健康教育課ホームページ「学校において予防すべき感染症の解説1〜5」

# 第9章 食品の微生物被害

## 1 細菌性食中毒

### 1-1 ▶ 食中毒の概容

　厚生労働省が公表している 1981（昭和 56）年以降の細菌・ウイルス性食中毒発生状況を図 9-1 に示した。1998（平成 10）年頃に患者数 1 人の散発事例の報告が急増したため，1996（平成 8）年にさかのぼって，患者数 1 人の発生件数（患者数）と総発生件数（総患者数）が分けて公表されている。図 9-2 では，1996 年以降は，総数（淡線）と，散発事例を除いたもの（実線，患者数 2 人以上の事例）を示した。発生件数では，総数は 1998 年以降，大きく減少しているが，患者数 2 人以上の事例では，おおむね年間 1,000 件で横這い傾向にあると考えられる。一方，患者数は，大きく上下を繰り返してはいるが，おおむね減少傾向と考えられる。

　2012（平成 24）年の時点で，厚生労働省の統計で原因物質として区別して集計されているものを表 9-1 に示した。

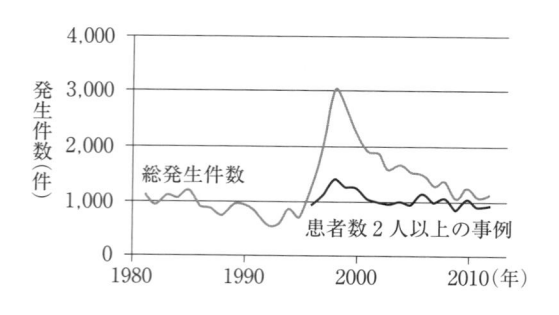

図 9-1　細菌・ウイルス性食中毒発生件数
出典：厚生労働省「食中毒統計」
（以下，図 9-2 ～ 9-4，表 9-2 ～ 9-8 も同じ）

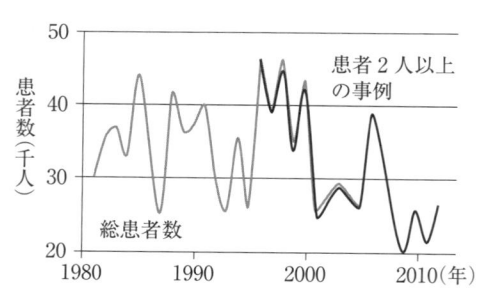

図 9-2　細菌・ウイルス性食中毒患者数

表 9-1　主な食中毒の原因物質

| 原因物質 | 詳細な区分 |
|---|---|
| 細菌性食中毒 | サルモネラ属菌，ブドウ球菌，ボツリヌス菌，腸炎ビブリオ，腸管出血性大腸菌（VT産生），その他の病原大腸菌，ウェルシュ菌，セレウス菌，エルシニア・エンテロコリチカ，カンピロバクター・ジェジュニ／コリ，ナグビブリオ，コレラ菌，赤痢菌，チフス菌，パラチフスA菌，その他の細菌 |
| ウイルス性食中毒 | ノロウイルス，その他のウイルス |
| 化学物質 | 化学物質 |
| 自然毒 | 植物性自然毒，動物性自然毒 |
| その他 | その他 |
| 原因不明 | 原因不明 |

## 1-2 ▶代表的な食中毒原因菌

### ❶ 腸管出血性大腸菌

#### ① 特　徴

　大腸菌は，家畜や人の腸内にも存在する。大腸菌のうち，人に下痢などの消化器症状や合併症を起こすものがいくつかあり，病原大腸菌と呼ばれている。病原大腸菌のなかには，毒素を産生し，出血を伴う腸炎や溶血性尿毒症症候群（hemolytic-uremic syndrome，HUS）などの重篤な症状を起こす腸管出血性大腸菌がある。

　腸管出血性大腸菌は，表面抗原（O抗原，185種以上）や鞭毛抗原（H抗原，55種以上）により細かく分類されている。代表的なものはO抗原で分類された，「腸管出血性大腸菌O157」（感染の約70％）で，ほかに「O26」（感染の約20％）や「O118」「O111」および「O8」などが知られている。さらに詳細にH抗原により分類される。O157のなかでも，ベロ毒素（verotoxin）を産生するものは，現在，H抗原がH7の「O157：H7」とH−（マイナス，H抗原陰性）の「O157：H−」の2種類である。

#### ② 食中毒発生状況

　図 9-3 と図 9-4 には，1998（平成10）年から2012（平成24）年までの，病原性大腸菌による食中毒発生件数と患者数の総数（淡線）と，特にベロ毒素産大腸菌による

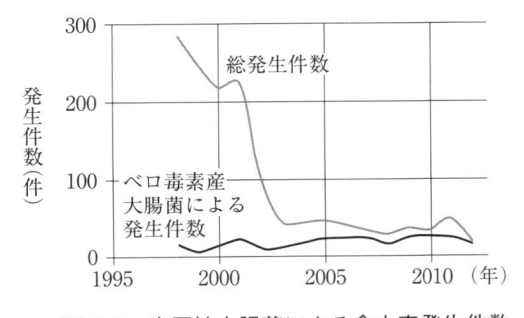

図 9-3　病原性大腸菌による食中毒発生件数

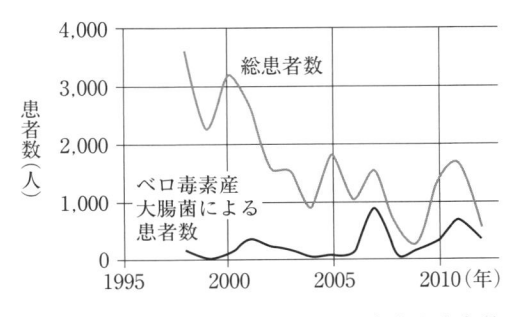

図 9-4　病原性大腸菌による食中毒患者数

食中毒発生件数と患者数（実線）を示した。病原性大腸菌による食中毒の対策はすすみ，ベロ毒素産生大腸菌による食中毒への対策を残すのみとなっている。

### ③ 潜伏期間・症状

潜伏期間は4日から8日で，鮮血が混入した下痢が数日間持続する。通常は，発症後4〜8日で自然に治癒するが，有症患者の6〜7％が重症の溶血性尿毒症症候群を併発するといわれている。溶血性尿毒症は，血液中の赤血球が破壊されることによる貧血，腎機能低下による尿毒症症状，血小板破壊による出血傾向の3つが特徴である。

### ④ 感染力など

たいへん強い。特にO157は，わずか100個体でも感染を引き起こすといわれている。

### ⑤ 原因食品など

国内では井戸水，牛肉，牛レバ刺し，ハンバーグ，牛角切りステーキ，牛タタキ，ローストビーフ，シカ肉，サラダ，かいわれ大根，キャベツ，メロン，白菜漬け，日本そば，シーフードソースなどが確認されている。

### ⑥ 殺菌方法など

特に熱に強い菌ではなく，通常の過熱調理で十分死滅できる。しかし，冷凍や酸に耐性があるため注意が必要である。

## ❷ カンピロバクター

### ① 特　徴

家畜，家禽類の腸管内に生息し，食肉（特に鶏肉），臓器や飲料水を汚染する。カンピロバクターは，家畜の流産あるいは腸炎原因菌として獣医学分野で注目されていた菌で，1970年代にヒトに対する下痢原性が確認された。ヒトの下痢症から分離される菌種はカンピロバクター・ジェジュニ（*Campylobacter jejuni*）がその95〜99％を占め，カンピロバクター・コリ（*C. coli*）なども下痢症に関与している。

### ② 食中毒発生状況

カンピロバクター食中毒は，近年，国内で発生している食中毒のなかで，発生件数が最も多い食中毒である。患者数もノロウイルスに続いて2番目に多くなっている（表9-2）。カンピロバクター食中毒は患者数が1名の事例が多い。

表 9-2　カンピロバクター食中毒

| 平成 | 15年 | 16年 | 17年 | 18年 | 19年 | 20年 | 21年 | 22年 | 23年 | 24年 |
|---|---|---|---|---|---|---|---|---|---|---|
| 事件数（件） | 491 | 558 | 645 | 416 | 416 | 509 | 345 | 361 | 336 | 266 |
| 患者数（人） | 2,642 | 2,485 | 3,439 | 2,297 | 2,396 | 3,071 | 2,206 | 2,092 | 2,341 | 1,834 |
| 1件の患者数（人/件） | 5.4 | 4.5 | 5.3 | 5.5 | 5.8 | 6.0 | 6.4 | 5.8 | 7.0 | 6.9 |

### ③ 潜伏期間・症状
潜伏期間は1～7日と長い。症状は発熱，倦怠感，頭痛，吐き気，腹痛，下痢，血便などがある。
### ④ 感染力など
100個程度と比較的少ない菌量の摂取でも発症する。死亡例や重篤例はまれである。
### ⑤ 原因食品など
食肉（特に鶏肉），飲料水，生野菜などが報告されている。
### ⑥ 殺菌方法など
通常の加熱調理で死滅する。また，乾燥にきわめて弱い。

## ❸ サルモネラ属菌

### ① 特　徴
動物の腸管，川，下水，湖などに広く分布し，ほとんどが周毛性鞭毛を形成する桿菌である。生肉，特に鶏肉と卵を汚染することが多い。
### ② 食中毒発生状況
事件数は大きく減少しているが，特に平成23年に学校給食で患者数が1,500人，平成22年に仕出し弁当で600人を超えるなど，大規模な食中毒事件となる場合がある（表9-3）。

表9-3　サルモネラ属菌食中毒

| 平成 | 15年 | 16年 | 17年 | 18年 | 19年 | 20年 | 21年 | 22年 | 23年 | 24年 |
|---|---|---|---|---|---|---|---|---|---|---|
| 事件数（件） | 350 | 225 | 144 | 124 | 126 | 99 | 67 | 73 | 67 | 40 |
| 患者数（人） | 6,517 | 3,788 | 3,700 | 2,053 | 3,603 | 2,551 | 1,518 | 2,476 | 3,068 | 670 |
| 1件の患者数（人／件） | 18.6 | 16.8 | 25.7 | 16.6 | 28.6 | 25.8 | 22.7 | 33.9 | 45.8 | 16.8 |

### ③ 潜伏期間・症状
潜伏期は6～72時間。激しい腹痛，下痢，発熱，嘔吐を引き起こす。
### ④ 感染力など
罹患者は，長期にわたり保菌者となることがある。
### ⑤ 原因食品など
卵，またはその加工品，牛レバ刺しや鶏肉などの食肉，うなぎ，すっぽん，乾燥いか菓子などがある。
### ⑥ 殺菌方法など
肉や卵では75℃以上，1分以上の過熱で死滅する。卵の生食は新鮮なものに限る。乾燥には強い。低温保存は有効だが，過信は禁物である。

## ❹ 黄色ブドウ球菌

### ① 特　徴
人や動物に常在するブドウの房状の球菌。毒素（エンテロトキシン）を生成する。

### ② 食中毒発生状況
発生件数は多くないものの，飲食店での発生事例の割合が高く，1件当たりの患者数が多い（表9-4）。

表9-4　黄色ブドウ球菌食中毒

| 平成 | 15年 | 16年 | 17年 | 18年 | 19年 | 20年 | 21年 | 22年 | 23年 | 24年 |
|---|---|---|---|---|---|---|---|---|---|---|
| 事件数（件） | 59 | 55 | 63 | 61 | 70 | 58 | 41 | 33 | 37 | 44 |
| 患者数（人） | 1,438 | 1,298 | 1,948 | 1,220 | 1,181 | 1,424 | 690 | 836 | 792 | 854 |
| 1件の患者数（人／件） | 24.4 | 23.6 | 30.9 | 20.0 | 16.9 | 24.6 | 16.8 | 25.3 | 21.4 | 19.4 |

### ③ 潜伏期間・症状
潜伏期は1～3時間。症状は吐き気，嘔吐，腹痛，下痢がある。

### ④ 感染力など
手荒れや化膿巣に繁殖していることが多く，症状のある人は食品に直接触れない。

### ⑤ 原因食品など
牛乳やクリームなどの乳製品，卵製品，肉やハムなどの畜産製品，握り飯や弁当など穀類とその加工品，ちくわやかまぼこなど魚肉ねり製品，和洋生菓子などがある。

### ⑥ 殺菌方法など
手指の洗浄や調理器具の洗浄殺菌，防虫・防鼠対策は効果的である。低温保存は有効。菌自体は通常の過熱殺菌で死滅するが，産生された毒素は100℃，30分の加熱でも無毒化されない。

## ❺ ウェルシュ菌

### ① 特　徴
人や動物の腸管や土壌，下水に広く生息するグラム陽性の桿菌である。酸素のないところで増殖し，芽胞をつくる。

### ② 食中毒発生状況
1事例当たりの患者数が多く，しばしば大規模発生がある（表9-5）。

表9-5　ウェルシュ菌食中毒

| 平成 | 15年 | 16年 | 17年 | 18年 | 19年 | 20年 | 21年 | 22年 | 23年 | 24年 |
|---|---|---|---|---|---|---|---|---|---|---|
| 事件数（件） | 34 | 28 | 27 | 35 | 27 | 34 | 20 | 24 | 24 | 26 |
| 患者数（人） | 2,824 | 1,283 | 2,643 | 1,545 | 2,772 | 2,088 | 1,566 | 1,151 | 2,784 | 1,597 |
| 1件の患者数（人／件） | 83.1 | 45.8 | 97.9 | 44.1 | 102.7 | 61.4 | 78.3 | 48.0 | 116.0 | 61.4 |

### ③ 潜伏期間・症状
潜伏期は6～18時間（平均10時間）。主症状は下痢と腹痛で，嘔吐や発熱はまれ。

### ④ 感染力など
食物とともに腸管に達した菌体が毒素をつくり，食中毒を起こす。

### ⑤ 原因食品など
カレー，煮魚，麺のつけ汁，野菜煮付けなどの多種多様の煮込み料理がある。

### ⑥ 殺菌方法など
菌体自体は通常の加熱調理で死滅するが，芽胞は100℃，1～6時間の加熱に耐える。食品を保存する場合は，10℃以下か55℃以上を保つ。

## ❻ セレウス菌

### ① 特　徴
土壌などの自然界に広く生息する芽胞を形成する連鎖桿菌である。

### ② 食中毒発生状況
表9-6を参照のこと。

表9-6　セレウス菌食中毒

| 平成 | 15年 | 16年 | 17年 | 18年 | 19年 | 20年 | 21年 | 22年 | 23年 | 24年 |
|---|---|---|---|---|---|---|---|---|---|---|
| 事件数（件） | 12 | 25 | 16 | 18 | 8 | 21 | 13 | 15 | 10 | 2 |
| 患者数（人） | 4 | 397 | 324 | 200 | 124 | 230 | 99 | 155 | 122 | 4 |
| 1件の患者数（人/件） | 9.8 | 15.9 | 20.3 | 11.1 | 15.5 | 11.0 | 7.6 | 10.3 | 12.2 | 2.0 |

### ③ 潜伏期間・症状
嘔吐型と下痢型がある。嘔吐型の潜伏期は30分～6時間で，吐き気，嘔吐が主症状。下痢型の潜伏期は8～16時間で，下痢，腹痛が主症状である。

### ④ 感染力
毒素を生成する。

### ⑤ 原因食品など
嘔吐型はピラフやスパゲッティなど。下痢型は食肉や野菜，スープ，弁当などがある。

### ⑥ 殺菌方法など
芽胞は90℃，60分の加熱でも死滅しない。また，家庭用の消毒薬も無効である。

## ❼ ボツリヌス菌

### ① 特　徴
土壌中や河川，動物の腸管など自然界に広く生息するグラム陽性の桿菌である。酸素のないところで増殖し，熱にきわめて強い芽胞をつくる。

② 食中毒発生状況

発生は少ないが，いったん発生すると重篤になる（表9-7）。いずしによる発生が多い。

表9-7　ボツリヌス菌食中毒

| 平成 | 15年 | 16年 | 17年 | 18年 | 19年 | 20年 | 21年 | 22年 | 23年 | 24年 |
|---|---|---|---|---|---|---|---|---|---|---|
| 事件数（件） | - | - | - | 1 | 1 | - | - | 1 | - | 1 |
| 患者数（人） | - | - | - | 1 | 1 | - | - | 1 | - | 2 |
| 1件の患者数（人／件） | - | - | - | 1.0 | 1.0 | - | - | 1.0 | - | 2.0 |

③ 潜伏期間・症状

潜伏期は8〜36時間。吐き気，嘔吐，筋力低下，脱力感，便秘，複視などの視力障害，発声困難や呼吸困難などの神経症状がみられる。

④ 感染力など

真空パックのような酸素が極めて少ない密封状態で増殖し，毒性の強い神経毒をつくる。発症後の致死率は約30％であったが，抗毒素療法が導入され約4％に低下している。

⑤ 原因食品など

缶詰，ビン詰，からしれんこんなどの真空パック食品，レトルト類似食品，いずしがあげられる。また，乳児ボツリヌス症でははちみつ，コーンシロップが原因となる。

⑥ 殺菌方法など

熱にとても強く，100℃程度では長時間加熱しても殺菌できない。毒素の無害化には，80℃，30分間の加熱を要する。

### ❽ リステリア・モノサイトゲネス（*Listeria monocytogenes*）

① 特　徴

0℃以上の低温でも発育増殖できる，グラム陽性の通性嫌気性の無芽胞短桿菌である。至適発育pHは中性またはわずかにアルカリ性で，食塩耐性があり，10％食塩加ブイヨン中でも発育できる。

② 食中毒発生状況

わが国では集団事例の発生はなく，食品が疑われる事例でも感染源が明確にされたものはないが，年間発生数は80件以上と推定されている。

③ 潜伏期間・症状

潜伏期は平均して3週間と推定されているが，24時間未満から長くて3日以上，1か月以上のものもあり，広範囲にわたる。38〜39℃の発熱，頭痛，嘔吐などを生じ，意識障害や痙攣が起こる場合もあるが，健康な成人では無症状のまま経過することも

多い。胎児敗血症では，妊婦から胎児に垂直感染が起こり，流産や早産の原因となり，出生後短時日のうちに死亡することが多い。

④ **感染力など**

保菌者や食品を介しての感染がより重要視されてきているが，まだ感染経路は明確ではない。

⑤ **原因食品など**

欧米では，生乳，サラダ，ナチュラルチーズなどが主たる感染源となっているが，発生がバラバラで，原因食品を特定することが困難である。

⑥ **殺菌方法など**

通常の加熱調理条件で死滅する。

## ❾ ノロウイルス

① **特　徴**

1968年にアメリカで発見され，ノーウォークウイルスや小型球形ウイルスと呼ばれていたが，2002年8月の国際ウイルス学会で正式に「ノロウイルス」と命名された。

② **食中毒発生状況**

ノロウイルス感染症は，12月から3月をピークにして全国的に流行する。近年では，微生物による食中毒事件の件数の約3分の1，患者数の約半分が，このノロウイルスによるものとなっている（表9-8）。

表9-8　ノロウイルス食中毒

| 平成 | 15年 | 16年 | 17年 | 18年 | 19年 | 20年 | 21年 | 22年 | 23年 | 24年 |
|---|---|---|---|---|---|---|---|---|---|---|
| 事件数（件） | 278 | 277 | 274 | 499 | 344 | 303 | 288 | 399 | 296 | 416 |
| 患者数（人） | 10,603 | 12,537 | 8,727 | 27,616 | 18,520 | 11,618 | 10,874 | 13,904 | 8,619 | 17,632 |
| 1件の患者数（人／件） | 38.1 | 45.3 | 31.9 | 55.3 | 53.8 | 38.3 | 37.8 | 34.8 | 29.1 | 42.4 |

③ **潜伏期間・症状**

潜伏期は24～48時間。主症状は吐き気，嘔吐，下痢，腹痛で，37～38℃くらいの軽度の発熱がある。ノロウイルスにはワクチンがなく，また，治療は輸液などの対症療法に限られる。

④ **感染力など**

感染力が強く，大規模な食中毒など集団発生を起こしやすい。ヒトへの感染経路は，主に経口感染（食品，糞口）であるが，飛沫感染，あるいは比較的狭い空間などでの空気感染によって感染が拡大する場合がある。

⑤ **原因食品など**

汚染されたカキあるいはその他の二枚貝類の生や加熱不十分な調理での喫食，感染

者によって汚染された食品の喫食など。

#### ⑥ 殺菌方法など
通常の過熱で死滅する。

## 2 真菌による食品被害

　一部のかびは有害な天然毒素である化学物質を産生する。これを「かび毒（マイコトキシン：Mycotoxin）」といい，アフラトキシン類，パツリン，デオキシニバレノール，ニバレノール，オクラトキシンなどがある（表9-9）。一般に，かび毒は熱に強く，加工・調理をしても毒性がほとんど低下しないことから，農産物の生産や乾燥，貯蔵などの段階で，かびの増殖やかび毒を発生させないことが大切である。

　アフラトキシンは，アスペルギルス属（*Aspergillus flavus*, *A. parasiticus*, *A. nomius* 等）の真菌が産生するかび毒であり，主に輸入食品から検出されている。アフラトキシンは10数種類の関連化合物の総称である。食品で問題になるのは $B_1$，$B_2$，$G_1$，$G_2$，$M_1$，$M_2$ の6種類であるが，2011（平成23）年10月からは，最も毒性の高い $B_1$ に加え，検出頻度の高い，$B_2$，$G_1$，$G_2$ を含めたものが，総アフラトキシンとして，規制の対象になっている。

　パツリンは，ペニシリウム属（*Penicillium expansum*）やアスペルギルス属等の真菌によって産生されるかび毒である。食品で主要なものはりんごジュースである。

　デオキシニバレノールは，主にフザリウム属（*Fusarium graminearum*, *F. culmorum* 等）の真菌が産生するかび毒であり，穀類（麦類，米，とうもろこし等）を汚染する。食品に対し，これらのかび毒で残留基準が設定されているものは，総アフラトキシン，パツリン，デオキシニバレノールの3種である。これらの規制値を超えたものは流通できない。

表9-9　主なかび毒

|  | 主な毒性 | 主な対象食品 | 規制値 |
|---|---|---|---|
| 総アフラトキシン | 肝臓障害，発がん性 | 食品全般。主にとうもろこし，落花生，豆類，香辛料，木の実類，穀類など | 0.01ppm |
| パツリン | 消化管の充血，出血，潰瘍 | りんご果汁およびりんご加工製品 | 1.1ppm |
| デオキシニバレノール | 嘔吐，下痢などの消化器症状，免疫抑制 | 小麦 | 0.05ppm |
| ニバレノール | 嘔吐，下痢などの消化器症状，免疫抑制 | 小麦，大麦，とうもろこしなど | － |
| オクラトキシン | 腎臓障害，発がん性 | 穀類およびその加工品，インスタントコーヒー，ワインなど | － |

# 3 寄生虫症

寄生虫疾患に関する正確な患者数は不明であるが，食品衛生上，対策が必要な寄生虫として，表9-10に示したものがあげられている。2011年6月からクドア（*Kudoa septempunctata*）とザルコシスティス（*Sarcocystis fayeri*）を原因とする有症事例が，食中毒として取り扱われるようになった。

表9-10 主な寄生虫症

| 原虫類 | | クリプトスポリジウム，サイクロスポーラ，ジアルジア，赤痢アメーバ |
|---|---|---|
| 蠕虫類 | 生鮮魚介類により感染 | アニサキス，旋尾線虫，裂頭条虫，大複殖門条虫，横川吸虫，顎口虫，クドア |
| | 獣生肉等により感染 | 肺吸虫，マンソン孤虫，有鉤囊虫，旋毛虫，ザルコシスティス |

## 3-1 ▶ 原虫類

わが国においては，食品媒介の原虫感染症はほとんど報告されていない。また，食品中からの検出技術が確立していないものが多く，食品汚染実態は明確ではない。

### ❶ クリプトスポリジウム

汚染された水や食物を媒介して経口感染する。患者は激しい下痢にみまわれるが，健常者では自然治癒する。治療薬はない。欧米では，水道水に汚染が及んだ事例が数多く報告され，大規模な集団感染が引き起こされている。また，日本でも飲料水を媒介した大きな集団感染が発生している。

### ❷ ジアルジア

ジアルジアは世界的に分布している。特に，熱帯・亜熱帯での主要な下痢性疾患の病原体であり，旅行者下痢症としての発症例が多い。主な症状は腹痛と脂肪便を伴う下痢（ジアルジア性下痢）である。自然治癒する場合が多い。日本では，第二次大戦直後では人口の5～10％が感染していたが，その後減少した。

### ❸ サイクロスポーラ

感染すると長期にわたる激しい下痢が生じる。患者の便中に排出されたオーシスト（接合子囊）は，外界で一定期間発育して感染性をもち，成熟したオーシストを経口的に取り込むことで感染する。日本での集団感染の報告はない。

### ❹ 赤痢アメーバ

　世界では約5,000万人が赤痢アメーバの感染者とされ，年間4〜10万人がアメーバ赤痢により死亡していると推定されている。嚢子（シスト）を経口摂取することによって感染が成立する。シストは小腸で脱嚢して栄養型となり，大腸に寄生する。本原虫の感染による症状として，盲腸部から結腸にかけて潰瘍性の病巣を形成するアメーバ性赤痢や非赤痢性アメーバ性大腸炎，肝臓などほかの臓器に膿瘍を形成する腸管外アメーバ症などがある。

　日本でも古くから存在し，1950年頃は年間500件ほどの発生であったが，1970年代には年間10例前後にまで減少した。しかし，1980年代後半から年間100〜150例に増加し，2000年代には再び年間500件を超えるまでになっている。これらの患者の約70％は国内での感染で，ほかは主に東南アジアを中心とした熱帯地域での感染が推定されている。

## 3-2 ▶ 蠕虫類

　わが国において，食品媒介の蠕虫感染症は多くの事例が知られており，患者数も多いと推定されているものの，無症状な者や症状の軽微な者が多く，患者発生状況や食品汚染状況については不明な点が多い。寄生虫自体は，旋毛虫の一部を除き，十分な冷凍処理でほとんどが死滅し，十分加熱すればすべて死滅する。

### 【Ⅰ. 生鮮魚介類により感染するもの】

### ❶ アニサキス（*Anisakis*）

　日本では魚の生食の食習慣もあり，昔からアニサキス症の発症は多いと考えられ，年間2,000〜3,000名のアニサキスによる急性胃腸炎患者があると推定されている。食品別では，サバが最も多く，アジ，イカなども原因となり，刺身，酢漬け，しょうゆ漬けなどでの喫食が多い。食後，2〜8時間後に激しい腹痛，悪心，吐き気を起こし，ときに吐血することもある。

　アニサキスはクジラやイルカなどの海産哺乳類の消化管に寄生し，その卵がオキアミなどの体内で幼虫になり，それを食べた魚やイカの体内に寄生し，それを人が食べて，胃壁や腸壁に侵入される。白細いミミズのような形態で，1cm程度の長さがあり，肉眼で確認できる。通常の調理加熱か，−20℃，48時間以上の冷凍処理で死滅する。

### ❷ 旋尾線虫（*Spiruria*）

　ホタルイカの生食や，内蔵付き未冷蔵のものの刺身という新しい食習慣により発生している。生産者が自主的に冷凍処理後出荷したこともあり激減したが，近年，首都圏で発生事例が出てきている。症状は腸閉塞，皮膚爬行などがある。

### ❸ 裂頭条虫（日本海裂頭条虫，*Diphyllobothrium nihonkaiense*）

サクラマスやカラフトマス，サケなどのサケ・マス類に寄生した裂頭条虫類の幼虫を摂取することで感染する。症状は比較的，軽微で，無症状のものも多いが，食欲不振，下痢，腹痛なども生じる。サケ・マス類の生食の普及により増加傾向にある。特にサクラマスの寄生率は約 30 % と高く，冷凍処理をしていない輸入冷蔵サケが感染源として疑われている。

### ❹ 大複殖門条虫（*Diplogonoporus grandis*）

イワシ，カツオ等の海産魚の生食による感染と推定されている。ほとんどは下痢，腹痛などの消化器症状にとどまる。

### ❺ 横川吸虫（*Metagonimus yokogawai*）

アユ，ウグイ，シラウオ等の淡水魚および汽水魚の生食により感染する。感染しても無症状であることが多いが，多数寄生した場合は下痢，腹痛，嘔吐等を起こすこともある。日本のアユは横川吸虫の幼虫を約 37 % の高率で保持している。

### ❻ 顎口虫（*Gnathostoma* spp.）

症状は幼虫が皮下を移動することで腹部，胸部，腰背部に痒みや痛みを伴う移動性の皮膚腫脹（皮膚爬行症）を起こし，治療は虫体摘出である。近年でも，ヤマメ，ドジョウ，ナマズ等の生食による感染が確認されている。

### ❼ クドア（ナナホシクドア，*Kudoa septempunctata*）

主に海産魚に寄生する粘液胞子虫の一種である。主な原因食品は生食用のヒラメで，クドアが寄生しているかどうかは肉眼では判断できず，寄生の多いものでは，刺身一切れ程度でも食中毒になる可能性がある。食後数時間で一過性の嘔気，嘔吐，腹痛や下痢を発症し，発症後 24 時間程度で回復する。予後は良好。$-16 \sim -20$ ℃，4 時間の凍結処理または 90 ℃，5 分間の加熱処理で死滅させることができるが，商品価値の点から，養殖場にてクドア保有稚魚の排除，ヒラメ飼育環境の清浄化，出荷前のモニタリング検査等の対策を行っている。

【Ⅱ．獣生肉等，その他の食品により感染するもの】

安全な喫食習慣のない人びとが生食等によりさまざまな寄生虫感染症に罹患しており，特に，イノシシ，クマ等の獣肉や，爬虫類等を生食（刺身での喫食）した場合，この感染の危険性が高い。

### ❶ 肺吸虫
**（ウェステルマン肺吸虫, *Paragonimus westermanii*, 宮崎肺吸虫, *Paragonimus miyazakii*）**

モクズガニやサワガニ等，淡水産のカニの生食や，幼虫に汚染された猪肉の生肉を摂取することで感染し，血痰，胸水，気胸を起こす。九州地方に多く，猪肉の生食習慣との関係が指摘されている。

### ❷ マンソン孤虫（マンソン裂頭条虫, *Spirometra erinaceieuropaei*）

幼虫が寄生したヘビ，カエル，トリ等の肉を生食することで感染し，体内各部に移動性の腫瘤を形成して種々の症状を起こす。

### ❸ 有鉤嚢虫（*Taenia solium*）

成虫である有鉤条虫は，ブタやイノシシ等の小腸壁に寄生し，広く世界に分布する。有鉤条虫卵に汚染された食品の摂食により感染し，各種臓器に有鉤嚢虫の腫瘤を形成する。症状は重篤で，痙攣や意識障害などを起こすことがある。近年では，輸入キムチが原因として疑われる事例が報告されている。

### ❹ 旋毛虫（トリヒナ, *Trichinella* spp.）

クマ，ウマ，ブタ等の哺乳類の小腸粘膜内に寄生し，成虫から生み出された幼虫は同一宿主の筋肉に移行して生存する。この宿主筋肉がほかの動物に摂食されたとき新たな感染が起きる。症状は，重症の場合，貧血，全身浮腫，心不全，肺炎等を併発し死亡することがある。筋肉中の幼虫は例外的に低温抵抗性があり，−30℃，6か月の冷凍でも死滅しない。

### ❺ サルコシスティス（フェイヤー住肉胞子虫, *Sarcocystis fayeri*）

馬肉の生食により感染する。熊本県を中心とした九州地方での発生が多く，国内の馬産地域とほぼ重なっている。未冷凍の馬肉の生食で発生しており，−20℃，48時間以上の冷凍処理で感染を回避できると考えられる。

**参考資料**
大阪府公衆衛生研究所「公衛研ニュース」No.47（平成24年7月）
厚生労働省ホームページ「細菌による食中毒」
厚生労働省ホームページ「食品衛生調査会食中毒部会食中毒サーベイランス分科会の検討概要」（平成9年9月17日）
厚生労働省ホームページ「食品の安全に関するQ&A」
国立感染症研究所ホームページ「感染症の話」

### コラム　ワインの歴史

2013（平成25）年の年の瀬を意識しだした11月の終わりに，イスラエルの北部で3,700年前のワイン貯蔵庫が発見されたとの報道があった。ワインを貯蔵していたと思われるビンが40個，約2,000リットル分が発見されたとのことである。さすがに液体は残っていなかったようだが，そのビンからワインの痕跡が確認された。

ぶどうの実には野生の酵母が資化できるグルコースが含まれており，ぶどうの皮には酵母が付着していることから，原理的には，ぶどうの実を潰しておいておけばワインになるため，太古の時代から飲まれていたことの想像はつくが，偶然にできるものと意図的に生産することには大きな違いがある。現在見つかっているワインの醸造工場跡は，2010（平成22）年に発見された，メソポタミア地域のアルメニアの6,100年前のものである。ここからは，足踏み式のぶどう圧縮機やワインの発酵槽，ぶどうの皮や種が発見されている。

このように，約8,000年前にメソポタミア地域で始まったといわれるワインは，ギリシャやローマを経由してヨーロッパに伝わり，今から2,500年ほど前にはフランス南部でも生産が始まったようである。

（岩田建）

### コラム　生食用の牛レバーの販売・提供禁止

2011（平成23）年7月，飲食店等に，生食用牛レバーを提供しないよう周知徹底する旨の通知が出されていた。しかし，と畜場では特にレバーが細菌汚染しないように細心の注意を払い，汚染が疑われた場合には生食用から除外して安全確保に努めているが，高濃度次亜塩素酸でも腸管出血性大腸菌を除去できず，現時点では，加熱調理以外に有効な対策が見出せてないとして，厚生労働省は2012（平成24）年7月に，牛肝臓の規格基準を改正し，生食用の牛肝臓の販売・提供禁止を行った。

それまでも，肉の生食については危険性が指摘され，1998（平成10）年9月に，腸管出血性大腸菌による食中毒の防止を目的とした「生食用食肉の衛生基準」，2004（平成16）年5月に，抵抗力の弱い人が生肉等を食べないよう関係事業者・一般消費者等に対して周知徹底，2007（平成19）年5月には，飲食店（特に焼肉店）において，生食用としての提供はなるべく控える旨の通知などの注意喚起が行われてきた。2011年4月に，北陸地方の複数の焼肉店舗で，生食用ユッケと焼肉が主な原因食材とみられている腸管出血性大腸菌O111による集団食中毒事件（有症者数181名，死者5名の惨事になった）が，最後の引き金となったようである。

（岩田建）

# 第10章

# 安全な微生物の取り扱い方法

## 1 殺菌・抗菌

### 1-1 ▶殺菌・抗菌とは

　抗菌とは静菌，殺菌，滅菌，除菌等を含んだ，微生物の増殖を阻害する状態のことで，一般的にはいちばん広い意味で用いられている。

　静菌は微生物の増殖を阻害して，生きた細胞が増えない状態を示す。殺菌は栄養細胞状態の微生物を殺す状態であるが，芽胞は残存していることが多い。滅菌では一定の環境で，芽胞などを含め，すべての微生物を殺す状態を示している。また，殺菌や滅菌は保管や流通の条件下で増殖することが問題となる微生物を死滅させる商業的殺菌（商業的無菌）状態をつくりだす際に利用されている。除菌はフィルターなどを用いて，ろ過や洗浄などにより，微生物を取り除く状態である。

　一般的には，商業的無菌をつくりだすために，殺菌，除菌等を行う。加熱，紫外線照射，放射線照射，エチレンオキサイドガス，殺菌剤，メンブランフィルターの使用などの方法がある。代表的な殺菌，除菌の方法を表10-1に示した。

表10-1　代表的な殺菌，除菌方法

| 加熱殺菌 | 低温殺菌，高温殺菌，超高温殺菌，火炎殺菌，マイクロ波加熱，赤外線加熱 |
|---|---|
| 非加熱殺菌 | 紫外線，放射線（ガンマ線，電子線），殺菌剤，高圧 |
| 除　菌 | 洗浄，ろ過 |

### 1-2 ▶加熱殺菌

　加熱によりたんぱく質は不可逆的に変性し，微生物は損傷を受けて増殖できなくなる。これを用いて保存性を向上させるのが加熱殺菌であり，最も一般的に利用されている殺菌方法である。

　加熱による殺菌では，一義的には殺菌性は加熱温度と加熱時間により決まる。また，微生物により耐熱性が異なる。そのため，食品を殺菌する際には，その食品にかかわる微生物のうち最も高い耐熱性を有する微生物を基準にして，殺菌の条件を決定しなければならない。また，一般に芽胞は栄養細胞に比べて高い耐熱性を有していること

から，食品が芽胞細菌に汚染されている場合には，より厳しい加熱条件が必要となる。

しかし，長時間の加熱は食品成分の分解等を引き起こし，品質は劣化し，場合によっては商品として成立しなくなる。このような場合には，殺菌処理温度が高くなると，食品中の組織や成分の分解速度よりも微生物の殺菌速度の方が速くなることを利用して，高温殺菌を行う。すなわち，高温で短時間加熱することにより，食品成分の変化を抑制し，微生物の殺菌を行う。これは微生物の加熱による生残性が，温度により大きな影響を受けることによる。殺菌温度による微生物の生残性と食品の変化を図10-1に示した。

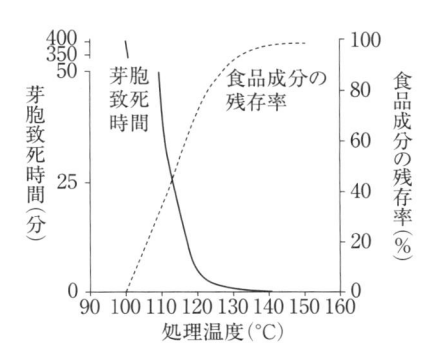

図10-1 加熱処理温度とボツリヌス菌芽胞致死に必要時間および当該時間加熱処理後の食品成分の残存性

## ❶ 微生物の耐熱性評価

微生物の耐熱性を評価する方法として，D値，Z値，F値などがある。これらの値は微生物種により異なっており，適切な微生物を選択して評価する必要がある。また，これらの値は，培地などを用いて試験を行っているため，十分な水が存在している。これに対し，食品では乾燥している場合もあり，より高温や長時間が必要となる。しかしD値はAw0.2〜0.4で最高値を示すことが報告されている。さらに食品の構造や成分，pHなどにより，これらの値は変化することが知られている。

D値は90％致死時間とも呼ばれ，ある一定の温度で，目的とする菌の90％を死滅させるのに必要な時間である。微生物数を1/10に減らせる条件を1Dと示すことがある。一定温度でのD値を微生物間で比較すると，その温度での耐熱性の評価が可能である。缶詰製品やレトルト食品のように製造後，常温で長期間保存する食品では，ボツリヌス菌芽胞の致死が要求されている。これはボツリヌス菌の生存確率を$1/10^{12}$に減らす12Dといわれる概念で，ボツリヌス菌芽胞D値の12倍の熱処理を行っている。

Z値はD値を1/10あるいは10倍に変化させるのに必要となる温度差である。すなわち，微生物の死滅がどの程度温度に依存しているかをあらわす値である。縦軸に

表 10-2　代表的な微生物の耐熱性

| 菌　種 | 温度（℃） | 時間（D値，分） | 備　考 |
|---|---|---|---|
| 細　菌 | | | |
| *Pseudomonas fragi* | 50 | 7.4 | 低温菌，環境汚染菌 |
| *P. fluorescens* | 53 | 4 | 水生菌 |
| *Micrococcus cryophilus* | 45 | 15 | 好冷菌 |
| *Flavobacterium ferruginium* | 52 | 10（死滅） | 水生菌 |
| *Bacillus cereus*（栄養細胞） | 60 | 0.13 | |
| *B. cereus*（胞子） | 100 | 0.8～14.2（死滅） | |
| *B. subtilis*（栄養細胞） | 60 | 1.93 | 枯草菌 |
| *B. subtilis*（胞子） | 121 | 0.44～0.54 | |
| *Streptococcus faecium* | 60 | 0.83～13.0（死滅） | 腸球菌 |
| *S. lactis* | 60 | 0.11～0.35（死滅） | 乳酸菌 |
| *Lactococcus plantarum* | 65～75 | 15（死滅） | 乳酸菌 |
| *Escherichia coli* | 60 | 0.27～3.6 | 大腸菌 |
| *Salmonella typhimurium* | 55 | 10 | サルモネラ菌 |
| *Staphyrococcus aureus* | 60 | 0.43～2.5 | 黄色ブドウ球菌 |
| *Clostridium botulinum*（typeA 胞子） | 110 | 1.4～2.8 | ボツリヌス菌 |
| 真菌類 | | | |
| *Saccharomyces cerevisiae*（栄養細胞） | 60 | 0.11～0.35 | 酵母 |
| *S. cerevisiae*（子嚢胞子） | 60 | 5.1～19.2 | |
| *Candida utilis* | 50 | 9.7 | 酵母 |
| *Aspergillus niger* | 47.4 | 60.3 | 黒コウジカビ |
| *A. niger*（分生子） | 50 | 4 | |
| *A. flavas*（分生子） | 55 | 3.1～28.8 | アフラトキシン生産カビ |

D値の対数，横軸に加熱温度をプロットしたTDT（熱耐性曲線）の傾きから求める。一般的に栄養細胞は芽胞に比べて感受性が高く，Z値は小さくなる。

F値は一定温度で一定数の微生物を死滅するのに要する加熱時間である。121℃での加熱致死時間であらわすことが多い。これは単位時間あたりの目的とする菌の致死率を積分することで求められる値で，温度との関数となっている。実質的には，加熱冷却に伴って変化する温度をプロットして求めることにより，トータルの殺菌性をあらわすことが可能である。

代表的な腐敗菌およびその胞子の温度とD値を**表 10-2**に示した。一般的に，細菌の胞子は栄養細胞に比べて，数倍の熱耐性を有している。

## ❷ 湿熱による殺菌・滅菌

### ① 低温殺菌

100℃以下で行う殺菌で，通常 60～85℃程度の比較的低温で保持し，殺菌する。パスツーリゼーション（pasteurization）とも呼ばれ，62～65℃，30分加熱が基本

的な条件である。この殺菌では，熱耐性のない微生物のみが殺菌される。牛乳の低温殺菌（LTLT法，60〜80℃，30分），高温短時間殺菌（HTST法，72〜75℃，15秒），やpH4.6以下の缶詰やビン詰の殺菌がこれにあたる。表10-2に示したように，腐敗菌は一般的に熱耐性が低く，50〜70℃の加熱により短時間で1/10以下に減少したり死滅したりする。しかし，胞子を有する*Bacillus*属や*Clostridium*属は熱耐性が高く，100℃以上の温度で加熱しないと死滅させることができない。

変性しやすい培地などの殺菌も低温殺菌で行われる。この場合，間欠的に殺菌を行う。すなわち，65℃，30分の殺菌を1日ごとに3回行うことで，耐熱性胞子を発芽させて栄養細胞になったものを殺菌する。これにより滅菌を達成することができる。

### ② 高温殺菌・滅菌

100℃以上の温度で行う殺菌で，胞子も死滅させることを目標としている。牛乳の超高温殺菌（UHT法，120〜150℃，1〜5秒）やレトルト殺菌（120〜150℃，2〜60分）がこれにあたる。レトルト食品のように包装後加圧殺菌を行う食品では「食品，添加物等の規格基準」（昭和34年厚生省告示第370号）により，「原材料等に由来して当該食品中に存在し，かつ，発育し得る微生物を死滅させるのに十分な効力を有する方法であること」，「そのpHが4.6を超え，かつ，水分活性が0.94を超える容器包装詰加圧加熱殺菌食品にあっては，中心部の温度を120℃で4分間加熱する方法又はこれと同等以上の効力を有する方法であること」とされている。

加熱に安定的な培地や各種溶液類などの滅菌には，高圧蒸気滅菌器（オートクレーブ）を用いて，121℃，15分のような高温殺菌が用いられる。一般的には水蒸気圧$2.0\,kg/cm^2$，120℃，20分の加熱により胞子類も死滅する。

### ③ マイクロ波加熱

電子レンジによる加熱殺菌である。2.4 GHz帯のマイクロ波を食品に照射すると，食品中の有極性分子（水分子）が電場の極性の変化により回転・振動して発熱し，食品温度が上昇する。これを利用して殺菌する。加熱のみに比べて，マイクロ波照射の併用により，殺菌効果は増大すると報告されている。また，出力1kWで30秒程度照射することにより，食品の生菌数を1/100程度にまで減少させると報告されている。しかし，有胞子細菌に関しては，食品が変質しない程度の短時間の照射では，殺菌はできない。

### ④ 赤外線加熱

食品に赤外線（780 nm〜1,000 μm程度）を照射し，吸収されたエネルギーが分子を振動させ，摩擦により発熱し，食品温度が上昇する。これを利用して殺菌する。

## ❸ 乾熱による殺菌・滅菌

水分の少ない乾熱による熱処理は，水分を多く含む湿熱による熱処理に比べ，高い

温度と長い時間を必要とする傾向にある。これは，乾熱の方が湿熱に比べて，たんぱく質の変性を起こしにくい，熱伝動性が低いことに起因している。また，これらの方法は主にガラス機器や金属製の器具類に利用されている。

### ① 乾熱滅菌

乾熱滅菌器にて，160～185℃，30～60分の条件で処理する。ガラス器具や金属製器具の滅菌に適用する。

### ② 火炎滅菌

ガスバーナーやアルコールランプの炎を用いて，金属類を赤熱するまで加熱して滅菌する。白金耳や白金線などの金属の滅菌に利用する。

## 1-3 ▶非加熱殺菌

### ① 紫外線

殺菌灯などから出る，主に260 nm付近の紫外線により殺菌する方法である。紫外線による殺菌機序は明らかではないが，殺菌力の強い260 nm付近の紫外線はDNAに吸収されやすく，チミンダイマーの形成，水和現象，光化学反応による分解などにより微生物にダメージを与えると考えられている。殺菌灯を利用する場合，260 nmに近い254 nmの紫外線量が非常に高い。殺菌に必要な紫外線量は微生物により異なっており，一般に酵母やかびは細菌類よりも抵抗性を有している。

紫外線の透過性は低く，食品内部の殺菌はできない。そのため，食品や包装，装置，器具類の表面殺菌や，空中浮遊菌，水の殺菌に利用されている。

### ② 放射線

放射線の一種であるガンマ線などを利用して殺菌する方法である。放射線による殺菌機序は電離による細胞内構成成分の変化によると考えられている。殺菌に必要な放射線量は微生物により異なっている。透過性が高いため，食品などの内部まで殺菌できる，均一に殺菌できる，温度上昇が少ない，包装後の殺菌が可能であるなどの特徴を有している。わが国では，食品に対しては放射線による殺菌は認められておらず，じゃがいもの発芽防止のみに利用が限定されている。プラスチック製品であるシャーレや注射筒などの殺菌に使われている。

### ③ 高圧

200～800 MPa（Pa：パスカル，1 MPaは約10気圧）の圧力により微生物を殺菌する方法である。圧力による殺菌の機序はたんぱく質や膜などの立体構造が不可逆的に変化することによる。殺菌力は加圧の圧力と時間により決められる。一般に栄養細胞では，20～25℃のとき200～300 MPaで60分，400 MPaで10分の処理が必要であると報告されている。圧力は均一に伝わることから，殺菌の均一性も高い。また，高圧処理では加熱を必要としないため，熱変性や褐変等の反応が生じにくく，生の風

味を保存することが可能で，ジャムなどの食品で利用されている。

殺菌以外では，たんぱく質やでんぷんの変性を利用して，かきの開殻，魚介エキスの製造，半熟卵や形を維持したまま大きくふっくらとなるご飯など，食品加工に利用することも可能である。また，耐熱性胞子は，60〜100 MPaで発芽することから，圧力処理後に加熱殺菌することにより，より殺菌性を高められる。殺菌では加熱に比べて，必要なエネルギー量が1/16程度であるという報告もされている。

#### ④ ガ ス

致死性のガスを利用して微生物を殺菌する方法である。エチレンオキサイドガスは，微生物のたんぱく質や核酸と結合して変性させる。浸透性が高く，均一な殺菌が可能である。残留するガスを取り除いてから使用する。加熱できないシャーレや注射筒などのプラスチック製品の殺菌に利用されている。

## 1-4 ▶ 除　菌

微生物よりも小さな孔（ポア）を有する膜（メンブランフィルター）によりろ過し，微生物を取り除く方法が一般に利用されている。利用する膜の例を表10-3に，膜の

表10-3　膜の種類と利用法

| 膜の種類 | 膜の性質 | 応用例 |
|---|---|---|
| 精密ろ過膜（MF） | 0.1 μmより大きい粒子や高分子を阻止する膜 | 除菌，上水 |
| 限外ろ過膜（UF） | 0.1 μm〜2nm（分子量数百〜数百万）の範囲の粒子や高分子を阻止する膜 | 果汁や乳製品の濃縮 |
| ナノろ過膜（NF） | 2nmより小さい程度の粒子や高分子を阻止する膜 | 果汁濃縮，上水 |
| 逆浸透膜（RO） | 加圧により浸透圧差と逆方向に溶媒が移動できる膜 | 海水淡水化，医薬用水 |
| イオン交換膜（IE） | 陽イオンもしくは陰イオンのみを選択的に通す膜 | 食塩の製造 |
| ガス分離膜 | 気体分子の大きさや速度差，もしくは気体分子の溶解度および膜中の拡散速度差を利用してガス成分を分離する膜 | 酸素富化，メタン/$CO_2$分離，水素分離 |

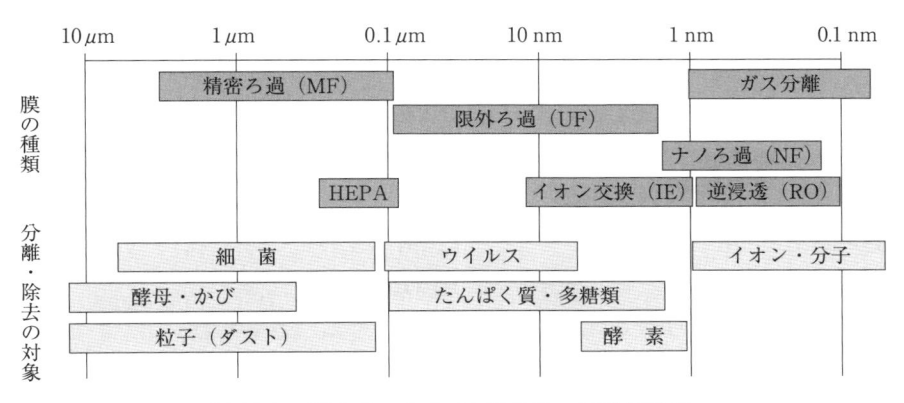

図10-2　膜のポアサイズと微生物・高分子物質

概念を図 10-2 に示した。液体の除菌には、ポアサイズが 0.1μm 以上の精密ろ過膜（MF）や、同じく 0.1μm 〜 2nm の限外ろ過膜（UF）、2nm よりも小さなナノろ過膜（NF）などにより行われている。原理的には MF で十分であるが、微生物以外のオリや酵素の除去を同時に行うことなどにより、よりポアサイズの小さな膜が選択される場合も多い。

空気中の微生物に対しては HEPA（High efficiency particulate air）フィルターが用いられている。これは 0.3μm の粒子を 99.97％除去することが保証されているフィルターで、クリーンベンチやクリーンルーム、エアコン、空気清浄機などに組み込まれ、清浄な空気の製造に利用されている。近年は価格が下がったことから、弁当や総菜の製造現場の清浄空間の作製にも利用されるようになった。

## 2 殺菌剤・抗菌剤

微生物の外膜、細胞膜、膜たんぱく質や細胞内の核酸、たんぱく質、細胞内構造などを変性・破壊して、代謝阻害や膜透過性の変質、細胞破壊などを生じさせ、非選択的に微生物の増殖抑制、死滅により殺菌・制菌を行う化合物である。濃度や曝露時間、pH、水分などにより影響を受けるため、使用条件が限定される場合もある。保存料に比べ微生物抑制・阻止効果は高い。食品に利用できる殺菌剤は、食品添加物の殺菌料として、亜塩素酸水、亜塩素酸ナトリウム、過酸化水素、さらし粉、次亜塩素酸水、次亜塩素酸ナトリウムがあるが、いずれも最終食品に残存していてはならない。医薬品では、ヨードチンキ、ポビドンヨード、次亜塩素酸ナトリウム、クロル石灰、マーキュローム液、グルコン酸クロルヘキシジン、アクリノール、エタノール、イソプロパノール、過酸化水素水、逆性石鹸、クレゾールなどが利用されている。

### ① 過酸化水素

ヒドロキシラジカル（・OH）を生成し、微生物のたんぱく質や脂質の過酸化などにより殺菌効果を発揮する。2.5 〜 3.5％の過酸化水素は医療に用いられている。食品分野では、低濃度の過酸化水素水を装置や包装容器に噴霧し殺菌に用いている。ただし、最終食品に残存してはならないため、使用後は乾燥等での除去が必要である。

### ② 塩　素

上水の殺菌に利用されている。水道では、給水栓のところで 0.1 〜 0.2 ppm になるように規定されている。有機物が多い場合には、効力が低下する。

### ③ 次亜塩素酸ナトリウム、次亜塩素酸カルシウム（さらし粉）

微生物のたんぱく質の合成阻害や酸化などにより殺菌効果を発揮する。水溶液中の次亜塩素酸（HClO）が主な有効成分である。次亜塩素酸ナトリウムの場合、飲用水

では1 ppm，器具類では50 ppm程度で用いる。すべての微生物に有効で，ノロウイルスなどのウイルス類にも有効である。有機物が多い場合には効力が低下する。

④　ヨウ素（ポビドンヨード）

ポリビニルピロリドン（1-ビニル-2-ピロリドンの重合体）とヨウ素の錯化合物で，遊離のヨウ素が有効成分である。微生物のたんぱく質の酸化などにより殺菌効果を発揮する。すべての微生物に有効で，一部の芽胞に対しても有効である。

⑤　フェノール

細胞壁，膜たんぱく質の変性などにより殺菌効果を発揮する。細胞浸透性が強い。すべての微生物に有効で，有機物の存在によっても効果は低下しない。

⑥　クレゾール

3％の水溶液が消毒液として利用されてきた。

⑦　アルコール

70％程度のエタノール，イソプロパノールもしくは，20％イソプロパノール添加60％エタノール液などが用いられている。脱水により細胞のたんぱく質を変性させて殺菌効果を発揮する。一般の微生物に有効であるが，芽胞に対して効果はない。一部のウイルスに対しても有効である。

⑧　アルデヒド

ホルムアルデヒド，グルタルアルデヒドなどが用いられている。分子中のアルデヒド基がたんぱく質のアミノ酸に結合，架橋してたんぱく質を変性・凝固させることにより殺菌効果を発揮する。細菌毒素とも結合して免疫性のあるトキソイドに変化するとともに無毒化する。器具等の殺菌に利用される。また，食品では，燻煙により発生し，保存性を高めている。一般の微生物に有効である。

⑨　有機酸

ソルビン酸，プロピオン酸，安息香酸，酢酸，乳酸，クエン酸などが用いられる。有機酸は水溶液にすることによりpHが低下する。pHが低下すると，有機酸の解離は抑制され，非解離分子が増加する。非解離分子は細胞膜透過性が大きく，細胞内に浸透する。そのため，細胞内のpHは低下し，たんぱく質の変性等を生じ，殺菌効果を発揮する。食品への添加ばかりでなく，作業環境中への利用も行われている。

⑩　陽性界面活性剤（カチオン界面活性剤，逆性石鹸）

塩化ベンザルコニウムや塩化ベンゼトニウムが用いられている。細胞膜の脂質を可溶化するとともに，膜たんぱく質を変性させることにより，殺菌効果を発揮する。微生物の栄養細胞には有効であるが，結核菌や芽胞，ウイルスに効果はない。通常の石鹸との併用は効果を低下させる。手指や器具類の殺菌に利用されている。

⑪　クロルヘキシジン

細胞膜障害，カリウムイオン等細胞質成分の漏出，膜たんぱく質の変性，核酸の変

性などにより殺菌効果を発揮する。微生物の栄養細胞には効果があるが，結核菌や芽胞，ウイルスに効果はない。皮膚や器具類の殺菌に利用される。皮膚への利用では，使用時のみでなく，皮膚に残留して持続的な効果を発揮する。

#### ⑫　バクテリオシン

バクテリオシンは，微生物が生産する抗菌性のたんぱく質やペプチドである。おのおのの抗菌スペクトルは狭く，同属程度である。作用機序も多岐におよび，細胞膜の破壊や膜電位の消失，たんぱく質合成の阻害，たんぱく質の変性などによるとされている。食品添加物の保存料として認可されている *Lactococcus lactis* の生産するナイシン A は，細胞膜に孔を形成し，膜電位や膜内外の pH 勾配などのバランスを崩して殺菌効果を発揮する。なお，抗生物質耐性はバクテリオシンに対する感受性に影響を与えない。

## 3　HACCP

### 3-1 ▶ HACCP システムの概念

HACCP とは，Hazard Analysis and Critical Control Point（危害分析重要管理点）の略で，アメリカで食品安全規制として考案された。1961 年のアポロ計画において，アメリカ航空宇宙局（NASA）が，宇宙食を担当した Pillsbury 社と陸軍 Natick 技術開発研究所と共同で開発し，宇宙食から食中毒性細菌や毒素の問題をなくすためには，最終製品の検査では要求される安全性レベルを達成できないことから，HACCP の概念を導入して宇宙食の製造管理を目指した。

宇宙食を製造するに際し，原材料の納入から出荷，提供までの各工程における危害を除去し，安全確保のための項目をそれぞれの工程ごとに管理する方法を採用した。各工程での予防的措置を講じた方法であり，これが HACCP の概念として，1971 年に National Conference of Food Protection に公表された。現在では，食品の衛生管理の基準として国際的に採用されている。特に，食品を媒介とする病原微生物の制御に有効であるが，農薬等の化学的残留物質や異物混入の防止としても適用されており，人の健康を害することを未然に防ぐよう配慮されている。

日本においては，1995 年，食品衛生法の改正により，厚生省（現，厚生労働省）が HACCP の考え方を取り入れた食品安全という視点から，「総合衛生管理製造過程」（通称マル総）を任意の国の承認制度として法律に位置づけた。特定品目（乳・乳製品，食肉製品，容器包装詰加圧加熱殺菌食品，魚肉ねり製品，清涼飲料水）6 種類が承認の食品分類となっている（図 10-3）。

総合衛生管理製造過程の承認を受けた施設および工程で製造された食品に表示されるマーク
＊通常は左側のマークであるが，表示スペースが狭い場合は右側のマークも使用可能である

**図 10-3　HACCP 承認マーク**

　国際標準化機構（ISO）においても，食品の衛生管理システムとして，2005 年 9 月には，ISO22000：2005（食品安全マネジメントシステム：FSMS：Food safety management systems-Requirements for any organization in the food chain）規格が発行された。しかし，食品の安全管理は，工業製品に比べ異質あるいは特殊性があるとされている。また，ISO は経済産業省の管轄により，ISO の JIS 化が進んでいるが，一方，ISO22000 については，その内容が厚生労働省，農林水産省，経済産業省などが関係していることもあり，JIS 化あるいは JAS 化の目途は立っていない。

　アメリカにおいては，2011 年 1 月，食品安全強化法（FSMA：Food Safety Modernizations Act）が公布された。これにより，米国食品医薬品局（FDA：Food and Drug Administration）の権限を強化し，FDA が管轄するすべての食品（アメリカに輸出される食品を含む）に対して HACCP による製造管理を義務づけられることになった。

　HACCP システムは科学的根拠に基づいた系統的なシステムであり，食品の安全性を確保するために特定のハザードおよびそれらの管理のための方法について述べている。また，HACCP は最終製品の試験（ファイナルチェック）に依存するのではなく，その製品の各プロセスをモニタリング（プロセスチェック）することにより，ハザード発現を防止することに焦点をあて，ハザードを評価し，管理システムを構築するための管理手段である。したがって，HACCP システムは，食品産業が発展しても，設備面での進歩，製造加工手順または技術の進歩などに対応できるシステムである。

　HACCP の適用を成功させるためには，管理者および従業員などの人的教育・訓練あるいはそれに基づく人的資源の活用が求められる。そのためには，多くの専門分野からの協力およびアプローチが必要である。

## 3-2 ▶一般的衛生管理プログラム

　HACCP システムによる衛生管理を効果的に機能させるには，施設設備の衛生管理や保守点検が行われていることが必要であるため，一般的衛生管理プログラム（PRP，PP：Prerequisite Program）が遵守されていることが前提である。

　わが国において「総合衛生管理製造過程」の認証を得るためには，一般的衛生管理

プログラムを満たしていなければならない。これらの項目について，それぞれのマニュアル「衛生標準作業手順書」(SSOP：Sanitation Standard Operation Procedure) を作成し，それに従って管理を行う。

一般的衛生管理プログラムは，適正製造基準 (GMP：Good Manufacturing Practice) と衛生管理作業基準から成り立っている。

① **施設・設備の衛生管理**

食品の製造が衛生的に行われ，さらに作業は能率的に行われるような施設設計，設備配置とする。特に，汚染作業区域，準清潔作業区域，清潔作業区域は，隔壁等により完全に区分けする。

床面は，耐水性と堅牢性を備えた材料を使用し，容易に清掃が行える構造とする。水を使用する部分にあっては，適当な勾配および排水溝を設けるなど，排水が容易に行える構造であること。

内壁は，平滑な表面で，内壁と床面の境界は丸み（半径5 cm以上）を有し，洗浄しやすい構造とする。

天井は，すき間がなく，照明器具や配管が露出せず，埃や結露，かびの発生しがたい構造とする。

換気装置は，汚染作業区域の空気が非汚染作業区域に流入しないように設置する。作業区域内の適切な温度および湿度の管理を行う。

② **施設・設備，機械・器具の保守管理**

施設・設備，機械・器具は，計画的に保守管理し，日常的に清掃，洗浄，消毒の方法を定めて，清潔および安全に留意する。

③ **ねずみ，昆虫の駆除**

ねずみ，昆虫等の発生状況を月に1回以上，巡回点検するとともに，ねずみ，昆虫の駆除を半年に1回以上実施し，その実施記録を1年間保管すること。

④ **使用水の衛生管理**

飲用適の水を使用し，水道事業により供給される水以外の井戸水等の水を使用する場合には水質検査を行い，検査結果を1年間保管すること。貯水槽は，定期的に清掃し，清潔を保つこと。

⑤ **排水および廃棄物の衛生管理**

排水および廃棄物の処理は，適切に行うこと。

⑥ **従事者の衛生管理**

従事者は，便所および風呂等における衛生的な生活環境を確保すること。定期的な健康診断，検便検査を実施すること。食品取扱者は，衛生的な作業着，帽子，マスク，専用の履物を着用し，装飾品は食品取扱施設内に持ち込まない。

⑦ **従事者の衛生教育**

従事者に対し，衛生的に食品を取り扱うことができるように，必要な知識と技術の衛生教育を実施する。教育の効果については，定期的に評価し，必要に応じて教育プログラムを修正する。

⑧ **原材料の受け入れ，食品などの衛生的な取り扱い**

原材料の受け入れ（納品，検収）は，健全で安定した原材料のみを使用できるよう，適正に行い，結果を記録する。原材料の保管は，先入れ先出しの効果的なローテーションを行う。

食品は，製造，保管等の各工程において，温度と時間の管理に配慮して，衛生的に取り扱う。

⑨ **製品の回収プログラム**

問題となった製品が迅速かつ適切に回収できるように，責任体制，回収方法などの手順を明らかにする。回収製品は，通常製品と明確に区分し，廃棄等の適切な措置をとる。

⑩ **製品の試験・検査に用いる機械器具，設備などの保守管理**

適切な製品であることの試験・検査の信頼性の保証を行うため，温度計や計時等の測定機器は，日々の点検や定期的な校正などを行い適切に管理する。

## 3-3 ▶ HACCP の 12 手順 7 原則

HACCP の 12 手順 7 原則を表 10-4 に示した。HACCP システムは，12 手順 7 原則から成り立つシステムではあるが，その前提として，作業従事者や施設設備管理等の一般的な衛生管理事項を確実に実施することが必須である。

表 10-4　HACCP の 12 手順 7 原則

| 手順・原則 | 内　容 |
|---|---|
| 0　経営者のコミットメント | 経営者による HACCP 導入の意志表示およびコミットメントが重要である。 |
| 1　HACCP チームの編成 | 製品についての専門的な知識と技術を有する者，機械・設備の専門家等をメンバーとするチームを編成する。このチームが以下の作業を行い HACCP プランを作成する。 |
| 2　製品についての記述 | 原材料リストおよび製品説明書（名称および種類，製品の特性，包装形態等）を作成する。 |
| 3　意図される用途の確認 | 製品使用者・使用方法を予測し，危害分析時に考慮する。 |
| 4　フローダイアグラム等の作成 | 原材料の収受から製品の出荷までの工程についての製造工程図，施設内の施設設備の構造，製品などの移動経路を記載した施設の図面，それらにかかわる機械器具の性能，作業の手順，製造加工上の重要なパラメーターについて記載した標準作業手順書を作成する。 |
| 5　作業現場確認 | 手順 4 で作成した製造工程図，施設の図面および標準作業手順書について，作成したものに誤りや不足はないか，製造現場において実際の作業内容と矛盾はないか確認する。 |
| 6　危害（HA）分析<br>（原則 1） | 原材料から製品出荷までの工程のなかから危害の発生する恐れのある工程で，発生する恐れのある危害について，危険（risk）ならびに重篤度（severity）を評価し，それを制御するための措置を明らかにする。<br>原因物質：微生物（生物的），化学物質（化学的），異物（物理的）など<br>危害要因：汚染，混入，残存，産生，生存など |
| 7　重要管理点（CCP）の設定<br>（原則 2） | どの工程を注意すればよいか，手順，操作段階で重点的に管理する点を設定する。<br>温度：加熱，解凍，冷却，保管<br>時間：保管・保存（食材料，下処理食材，料理） |
| 8　管理基準(CL)の設定<br>（原則 3） | 工程の重要管理点について，どのような基準や目標で衛生管理状態を判断すればよいか管理基準を決める。<br>管理基準・許容限界：温度，時間，色，臭い，pH，圧力，流量など |
| 9　モニタリング方法の設定<br>（原則 4） | 管理基準をどのような方法で判断するのか，モニタリングの方法を決める。管理基準を満たしているかどうか，だれにでも簡単に短時間で判断できる方法を採用する。だれが（担当者），何を，いつ（頻度），どのようにして，を決める。 |
| 10　改善措置の設定<br>（原則 5） | 管理基準から外れていることがわかったら，どのように対応するか改善措置を決める。担当者，回収，廃棄など。 |
| 11　検証方法の設定<br>（原則 6） | HACCP プランどおり衛生管理が行われているかどうかを確認するための検証手順を決める。手順確認には，何を，どのようにして，いつ（頻度），だれが（担当者），を決める。 |
| 12　記録の維持・管理方法の設定<br>（原則 7） | モニタリング，改善措置，検証の結果等の記録の維持管理方法などを決める。記録文書には，HACCP にかかわるすべてのことを記録する。文書名，記録様式や保管方法も決める。 |

# 4　大量調理施設衛生管理マニュアル

　1997 年，厚生省（現，厚生労働省）は「大量調理施設衛生管理マニュアル」（最終改正：平成 25 年 10 月 22 日付け食安発 1022 第 10 号）を作成した。このマニュアルの趣旨は，集団給食施設等における食中毒を予防するために，HACCP の概念に基づき，調理過程における重要管理事項として以下のように示した。

- 原材料受け入れおよび下処理段階における管理を徹底すること。
- 加熱調理食品については，中心部まで十分加熱し，食中毒菌等（ウイルスを含む。以下同じ）を死滅させること。
- 加熱調理後の食品および非加熱調理食品の二次汚染防止を徹底すること。
- 食中毒菌が付着した場合に菌の増殖を防ぐため，原材料および調理後の食品の温度管理を徹底すること。

集団給食施設等においては，衛生管理体制を確立し，これらの重要管理事項について，点検・記録を行うとともに，必要な改善措置を講じる必要がある。また，これを遵守するため，さらなる衛生知識の普及啓発に努める必要がある。

なお，本マニュアルは同一メニューを1回300食以上または1日750食以上を提供する調理施設に適用する，とされている。

### ① 原材料受入れ

原材料の情報を記録し，1年間保管すること。納入に際しては，調理従事者等が必ず立ち合い，検収場で品質，鮮度，品温，異物混入等について点検を行い，その結果を記録すること。常温保存可能なものを除き，生鮮食品については1回で使い切る量を調理当日に仕入れること。

野菜および果物等を加熱せずに供する場合には，飲用適の流水で十分に洗浄し，必要に応じて，次亜塩素酸ナトリウム溶液（200 mg/Lで5分間または100 mg/Lで10分間）または，これと同等の効果を有する亜塩素酸水（きのこ類を除く），亜塩素酸ナトリウム溶液（生食用野菜に限る），次亜塩素酸水ならびに食品添加物として使用できる有機酸溶液で殺菌を行った後，流水で十分すすぎ洗いを行うこと。

### ② 加熱調理

調理を開始した時間と，最終的な加熱処理時間を記録すること。調理の途中で食品の中心温度を3点以上測定し，すべての点において75℃，1分間以上の加熱がされていることを記録すること。二枚貝等ノロウイルス汚染のおそれのある食品の場合は，85～90℃で90秒間以上の加熱を確認，記録すること。複数回，同一の作業を繰り返す場合にも，同様に点検・記録を行う。

### ③ 二次汚染の防止

調理従事者等の手指の洗浄および消毒を行うこと。食品の保管は，食肉類，魚介類，野菜類等，食材の分類ごとに区分して保管し，原材料の相互汚染を防ぐこと。

下処理は汚染作業区域で確実に行い，非汚染作業区域を汚染しないようにすること。使用した器具・容器は，流水で洗浄し，さらに80℃，5分間以上または同等の効果を有する方法で十分殺菌した後，乾燥させ，衛生的に保管すること。

### ④ 食品の温度管理

調理後ただちに提供される食品以外の食品は，食中毒菌の増殖を抑制するために，

10 ℃以下または 65 ℃以上で管理すること。加熱調理後，食品を冷却する場合には，食中毒菌の発育至適温度帯の時間を可能な限り短くするため，30 分以内に中心温度を 20 ℃付近（または 60 分以内に中心温度を 10 ℃付近）まで下げるよう工夫すること。冷却開始時刻と冷却終了時刻を記録すること。

調理後の食品は，調理終了後から 2 時間以内に喫食することが望ましい。

⑤ **施設設備の衛生管理**

食品の各調理過程ごとに，汚染作業区域（検収場，原材料の保管場，下処理場），準清潔作業区域（調理場），清潔作業区域（放冷・調製場，盛り付け，保管場）を明確に区分すること。施設はドライシステム化を積極的に図ることが望ましい。

⑥ **調理従事者の衛生管理**

調理従事者等は，定期的な健康診断および月 1 回以上の検便を受けること。検便検査には，腸管出血性大腸菌の検査を含めること。また必要に応じ 10 月から 3 月にはノロウイルスの検査を含めること。日々の心得として，体調に留意し，下痢，嘔吐，発熱などの症状があったとき，手指等に化膿創があったときは調理作業に従事しないこと。

⑦ **検査保存食**

原材料および調理済み食品を食品ごとに 50 g 程度ずつ清潔な容器（ビニール袋等）に入れ，密封し，− 20 ℃以下で 2 週間以上保存すること。原材料は，特に洗浄・殺菌等を行わず購入した状態で，調理済み食品は配膳後の状態で保存すること。

詳細については，「大量調理施設衛生管理マニュアル」を参照のこと。

**参考文献**

厚生労働省「大量調理施設衛生管理マニュアル」(最終改正：平成 25 年 10 月 22 日食安発 1022 第 10 号)
荒木惠美子「HACCP の展望」『日本食品微生物学会雑誌』29（1），2012，pp.1-10
上田成子編『食品の安全性』朝倉書店，2012
岡田裕子・加藤由美子・君羅満編『給食経営管理テキスト』学建書院，2012
豊瀬恵美子編『給食経営管理論－給食の運営と実務』学建書院，2011
中村好志・西島基弘編著『食品安全学』同文書院，2010

## コラム　火落菌

　清酒の製造過程において，貯蔵中に白濁して腐造することを「火落」という。火落ちした清酒は商品価値がなくなり，酒醸家に恐れられてきた。清酒にこの現象が起きるということは，醸造所の衛生管理や商品工程等に問題があるとみなされることにもなる。これはラクトバチルス属の乳酸菌である「火落菌」の繁殖が原因であり，*Lactobacillus fructivorans*, *L. hilgardii*, *L. paracasei*, *L. rhamnosus* などが清酒に繁殖すると，清酒が濁り，酢のようになり，老ねた香りとなる。

　火落菌は麹菌が生成するメバロン酸（火落酸）を必須生育因子とし，アルコール耐性の強い菌である。生育最適温度は25℃～30℃で，清酒のような弱酸性の環境を好み，アルコールにより生育が促進されることから，清酒は火落菌にとって最適な生活環境である。清澄した生酒を65℃に加熱する操作を火入れというが，これは火落菌のほか，他の微生物の殺菌，残存酵素の失活，貯蔵中の清酒の変質を防ぐために行う。火入れ済みの清酒の通るパイプや貯蔵タンクの洗浄，殺菌にも十分な殺菌が必要である。

（谷口亜樹子）

$$\text{HOCH}_2-\text{CH}_2-\underset{\underset{\text{OH}}{|}}{\overset{\overset{\text{CH}_3}{|}}{\text{C}}}-\text{CH}_2-\text{COOH}$$

メバロン酸

## コラム　戦後最大の食中毒事件

　2000（平成12）年6月に，当時，最大手の牛乳メーカーの大阪府にある工場で製造された品質保持期限が6月28日から7月4日までの低脂肪乳と，7月12日から14日までの発酵乳を原因とする食中毒事件が発生し，有症者数は大阪府を中心に14,780名に達し，戦後最大の食中毒事件となった。これらの製品から黄色ブドウ球菌のエンテロトキシンA型が検出され，これを病因物質とする食中毒と断定された。これらの製品の原料として用いられた，同社の北海道にある工場で4月10日に製造された脱脂粉乳が原因として特定された。この北海道の工場では，4月10日の脱脂粉乳は，4月1日に製造されたものを混合して製造されていたが，この4月1日の製造過程において，約4時間の停電があり，生乳が20～30℃で最大約9時間，製造ラインに放置されたままになっていたことがわかった。この間に，生乳内で黄色ブドウ球菌が増殖したと考えられ，両日の製造分から，黄色ブドウ球菌のエンテロトキシンA型が検出された。

　同社は，1955（昭和30）年にも，ほぼ同様の食中毒事件を起こしている。1955年3月に，同社の北海道にある別の工場で製造された脱脂粉乳が学校給食に使われた都内9小学校で1,629名の患者を出した。原因も同じく，脱脂粉乳製造時に停電が起こり，常温で放置された生乳中で増殖した黄色ブドウ球菌によるものであった。同社は，この事件を教訓として信頼回復に努め，乳業トップとして長く業界をリードしたが，「この教訓が風化したため，同様の事件を発生させてしまった」とホームページに記述がある。

（岩田建）

# 第11章

# 微生物の遺伝

## 1 核酸

　核酸とは，核に含まれている酸性物質の意味である。細胞分裂の染色体レベルでの解明およびメンデル（G. J. Mendel）によるエンドウ（*Pisum sativum*）を用いた遺伝法則の確立（1865年）がきっかけとなり，その後の研究で遺伝情報の本体は，核内に多量に存在する核酸かたんぱく質のいずれかであると考えられるようになった。

　その後，突然変異の誘発に最も有効な紫外線（UV）の波長が260 nmであることや，グリフィス（F. Griffith）による肺炎双球菌（*Streptococcus pneumoniae*）を用いた形質転換（トランスフォーメーション；transformation）の発見（1928年）と，それに続くエイブリーら（O. T. Avery, C. MacLeoud, M. McCarty）の実験（1944年），ビードル（G. W. Beadle）とテータム（E. L. Tatum）によるアカパンカビ（*Neurospora crassa*；子嚢菌）を用いた一遺伝子一酵素説（1945年），バクテリオファージ（bacteriophage）の形質導入（トランスダクション；transduction）を利用したハーシー（A. D. Hershey）-チェイス（M. C. Chase）の実験（1952年）などから，遺伝子の本体はDNAであることが知られるようになった。

## 2 DNAとRNAの構造およびDNAの複製

　1953年，ワトソン-クリック-ウィルキンス（J. D. Watson, F. H. C. Crick, M. H. F. Wilkins）によってDNAの立体構造が決定された。ついで，1961年，ニーレンバーグ（M. W. Nirenberg）とその共同研究者およびコラナ（H. G. Khorana）によるコドン（遺伝暗号，遺伝コード；codon）の解明（表11-2参照），およびこれに続く研究によって遺伝情報の発現機構の大筋が解明され，その後の遺伝子工学の発展へつながった。

　遺伝情報の本体であるDNAは，糖，リン酸，塩基から構成される物質である。DNAを構成する糖はデオキシリボース，塩基はプリンに属するアデニン（A），グアニン（G），ピリミジンに属するチミン（T），シトシン（C）とリン酸から構成されている（図11-1）。

　DNA鎖のはしごの縦木部分を構成するのはリン酸とデオキシリボースであり，は

### 2 DNAとRNAの構造およびDNAの複製

a) (d)CTP (デオキシ)チミジン三リン酸

b) さまざまな塩基
DNAではアデニン (A), グアニン (G), シトシン (C), チミン (T)
RNAではアデニン (A), グアニン (G), シトシン (C), ウラシル (U)

**図11-1 DNAとRNAの構造単位**

しごのステップ（横木）部分はAとG間およびGとC間の水素結合によって維持されている。この2本の鎖が右巻きにねじれてらせん構造を形成しているものがDNAの通常の立体構造である（図11-2）。これはB形DNAと呼ばれる。細胞の種類によっては、部分的な左巻きらせん構造を有する場合があり、これはZ形DNAと呼ばれる。

DNAが合成されるときは、まず、イニシエーター（initiator）による巻き戻しが起こり、塩基間の水素結合が切れ、新たなDNAが合成される。このDNAの合成は、それぞれのDNA鎖が鋳型となって相補的な塩基配列をもつものがDNAポリメラーゼによって合成されるため、半保存的複製、略して複製と呼ばれる。DNAポリメラーゼはDNA複製のきっかけ（出発点）を用意できないので、RNAプライマーがその任にあたり、5'から3'方向にDNAの鎖の延長が進行する（図11-2）。

この場合、DNAの複製を連続的に起こすことができるのでリーディング鎖と呼ぶ。一方、3'から5'方向にはDNAの鎖が形成されないため、二本鎖の解離が進むごとに断片的に5'から3'複製が行われる。このような不連続に合成される短いDNA断片は岡崎フラグメントと呼ばれる。これらの岡崎フラグメントは、DNA連結酵素により複製された各DNA断片が結合され、DNA合成が進行する。このように鎖の延長が断片的に進行するDNA鎖はラギング鎖と呼ばれる（図11-2）。

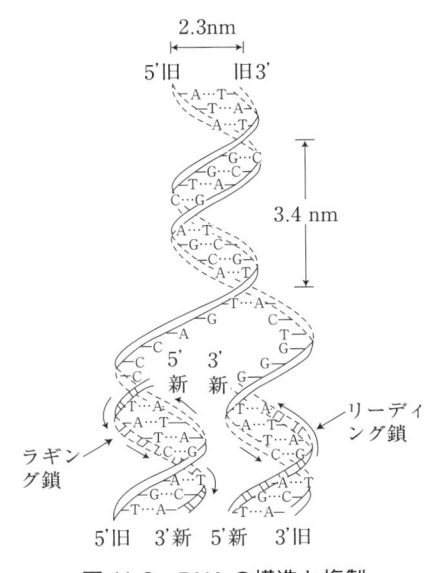

**図11-2 DNAの構造と複製**
出典：荒木忠雄ほか共著『現代生物学図説』
培風館, 1977, p.87より一部著者加筆

一方，RNA は，DNA と同様に糖，リン酸，塩基から構成される物質であるが，構成糖がリボースであり，DNA の 4 種類の塩基のうちチミンの代わりにピリミジンに属するウラシル（U）で構成されている（図 11-1）。

後出の tRNA ではアデニン，グアニン，ウラシル，シトシンに加えて一部修飾塩基がみられる。この修飾塩基の存在のため水素結合を形成しにくくなることが，tRNA の三つループをもつ立体構造の形成に関与していると考えられている（図 11-3）。なお，リボースはペントースリン酸回路で形成され，デオキシリボースはリボースの 2' 位のヒドロキシル基が水素に置換されることによって形成される。

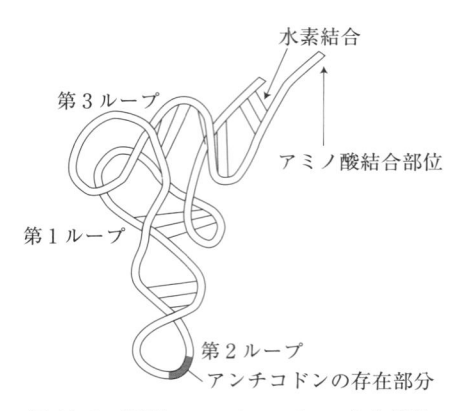

図 11-3　運搬 RNA（tRNA）の立体構造
出典：石原勝敏ほか共著『目でみる生物学（三訂版）』培風館，2006，p.112 より一部著者加筆

## 3　遺伝情報の発現

### 3-1 ▶転写と翻訳

二重らせん構造をもつ DNA 鎖のいずれか一方の塩基配列が mRNA に読み取られ，たんぱく質合成へとつながっていく。まず，DNA 鎖の二重らせん構造の特定部分のねじれがほどけて，DNA に二本鎖のうちの一方の塩基配列に対応する塩基配列，すなわち相補的塩基配列をもつ RNA 鎖が形成される。この RNA 鎖のことを伝令 RNA（メッセンジャー RNA；mRNA），この過程のことを転写（トランスクリプション；transcription）と呼ぶ。

転写は，転写コードの転写開始部位より 3' 側に数 10 ヌクレオチド（上流側）のプロモーター域に RNA ポリメラーゼが付着することによってはじまる。RNA ポリメラーゼが最初に付着する部位のヌクレオチドの配列は真核生物と古細菌は同一であるが，真正細菌では異なる（表 11-1）。

## 3 遺伝情報の発現

表 11-1 遺伝情報の発現の特性

| | | 原核生物 | | 真核生物 |
|---|---|---|---|---|
| | | 真正細菌 | 古細菌 | |
| リボソーム | 大きさ | 70 S（30 Sと50 Sのサブユニットより構成） | 70 S（30 Sと50 Sのサブユニットより構成） | 70 Sと80 S（40 Sと60 Sのサブユニットより構成） |
| たんぱく質合成 | 場 | 細胞質に遊離したリボソーム | 細胞質に遊離したリボソーム | 小胞体に結合したリボソーム |
| 転写 | プロモーター | −35領域のコンセンサス配列（TTGACA）と−10領域のコンセンサス配列（TATAAT；プリブナウボックス）など | 1) | −30領域のコンセンサス配列（TATAAA；TATAボックス）とその上流側の遺伝子による様々なコンセンサス配列 |
| | 転写開始機構 | σ因子 | 1) | 転写開始前複合体 |
| | RNAポリメラーゼ | 単　純 | 1) | 複　雑 |
| 翻訳 | 開始因子 | IF | 1) | eIF |
| | 開始tRNA | ホルミルメチオニルtRNA | メチオニルtRNA | メチオニルtRNA |
| mRNA | イントロン | 無 | 無 | 有 |
| | スプライシング | 無 | 無 | 有 |

1) 真核生物のものとほぼ同じか簡単にしたものといわれている。

なお，真核生物では合成されたmRNAの塩基配列のうち，最終的に使用される部分[*1]と使用されない部分[*2]がある。mRNA前駆体の5'側にメチルグアノシンが，mRNAの3'側にポリA鎖がつき，次いでイントロンが取り除かれてから，エクソン部同士が結合して翻訳可能なmRNAとなる。このmRNAのプロセシング（processing）は，スプライシング（splicing）と呼ばれる真核生物にみられる過程である（図11-4，表11-1）。真核生物では合成されたmRNAは核膜を通って核から細胞質へ出ていき，小胞体に付着しているリボソームの小サブユニットと結合する（図11-5）。

一方，原核生物では，mRNAは細胞質中に遊離しているリボソームの小サブユニットに結合する。リボソームの小サブユニットとの結合は，mRNAの5'側に存在する先行配列部分からはじまる。リボソームの小サブユニットとmRNAの結合が起こると，mRNA情報配列の読み出しがはじまる。順次，3個ずつヌクレオチド［この3個ずつのヌクレオチドの塩基配列をコドン（遺伝暗号；codon）という（表11-2）］に対応する塩基配列をもつ運搬RNA（tRNA）［この塩基配列をアンチコドン（anticodon）という（図11-3, 11-5）］が，以下のように運ばれてくる。

リボソームの大サブユニットのP部位（ペプチジル部位）に位置するmRNAの開始コドンに対応するアンチコドンを有するメチオニルtRNAが結合する。各tRNAは対応するアミノ酸と結合しており，リボソームの大サブユニットのP部位に隣接

[*1] この部分に相当するDNAの領域をエクソン（エキソン；exon）という。
[*2] この部分に相当するDNAの領域をイントロン（intron）という。

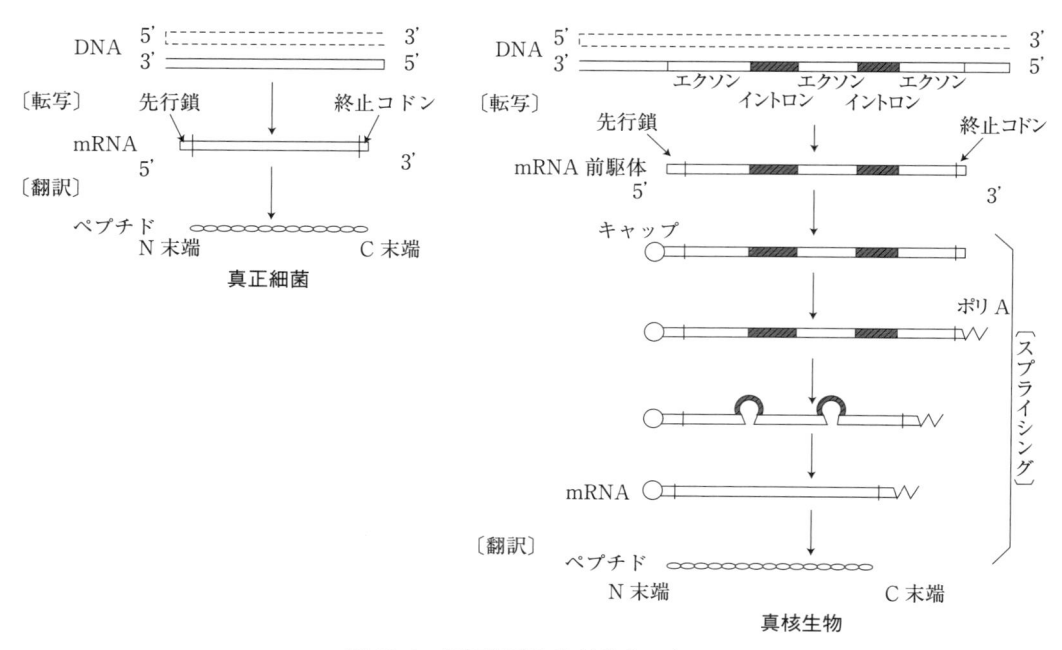

図 11-4　真正細菌と真核生物の転写

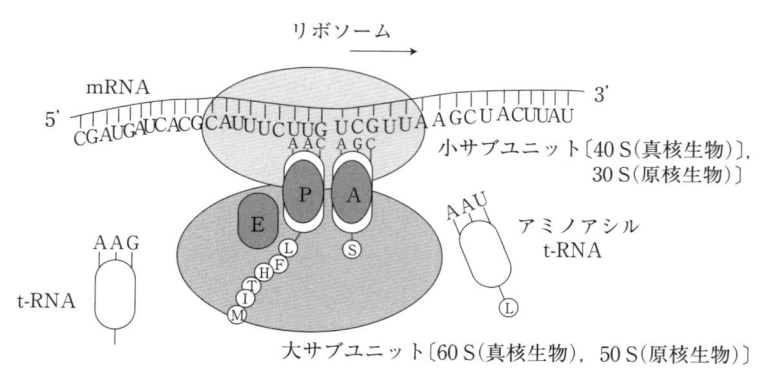

図 11-5　遺伝情報の発現における翻訳過程

するA部位（アミノアシル部位）に位置するmRNAのコドンに対応するアンチコドンを有するアミノアシルtRNAが同部位に結合すると，これら2つのtRNAが運んできたアミノ酸同士がペプチド結合を形成してアミノ酸の鎖，すなわちペプチドを形成し，A部位に位置したtRNAはペプチジルtRNAとなる（ペプチド転移）。P部位のアミノ酸を離脱したtRNAはリボソームの大サブユニットのE部位（脱出部位）に，A部位のペプチジルtRNAがP部位に移動する（トランスロケーション；translocation）。その結果，リボソームの小サブユニットが3ヌクレオチド分移動し，E部位の役目を終えたtRNAがリボソームの大粒子から離脱する。次いで，空席になったA部位に，同mRNAの3塩基分下流のコドンに対応するアンチコドンをもつアミ

表 11-2　コドン（遺伝暗号）

| | 2番目の塩基 U | 該当するアミノ酸 | アミノ酸の略号 | 2番目の塩基 C | 該当するアミノ酸 | アミノ酸の略号 | 2番目の塩基 A | 該当するアミノ酸 | アミノ酸の略号 | 2番目の塩基 G | 該当するアミノ酸 | アミノ酸の略号 | |
|---|---|---|---|---|---|---|---|---|---|---|---|---|---|
| 1番目（5'側）の塩基 U | UUU<br>UUC | フェニルアラニン | F | UCU<br>UCC<br>UCA<br>UCG | セリン | S | UAU<br>UAC | チロシン | Y | UGU<br>UGC | システイン | C | U<br>C<br>A<br>G　3番目（3'側）の塩基 |
| | UUA<br>UUG | ロイシン | L | | | | UAA<br>UAG | 終止 2) | | UGA | 終止 3) | | |
| | | | | | | | | | | UGG | トリプトファン | W | |
| C | CUU<br>CUC<br>CUA | ロイシン | L | CCU<br>CCC<br>CCA<br>CCG | プロリン | P | CAU<br>CAC | ヒスチジン | H | CGU<br>CGC<br>CGA<br>CGG | アルギニン | R | U<br>C<br>A<br>G |
| | CUG | ロイシン 1) | | | | | CAA<br>CAG | グルタミン | Q | | | | |
| A | AUU<br>AUC<br>AUA | イソロイシン | I | ACU<br>ACC<br>ACA<br>ACG | トレオニン | T | AAU<br>AAC | アスパラギン | N | AGU<br>AGC | セリン | S | U<br>C<br>A<br>G |
| | AUG | メチオニン(開始) | M | | | | AAA<br>AAG | リジン（リシン） | K | AGA<br>AGG | アルギニン | R | |
| G | GUU<br>GUC<br>GUA<br>GUG | バリン | V | GCU<br>GCC<br>GCA<br>GCG | アラニン | A | GAU<br>GAC | アスパラギン酸 | D | GGU<br>GGC<br>GGA<br>GGG | グリシン | G | U<br>C<br>A<br>G |
| | | | | | | | GAA<br>GAG | グルタミン酸 | E | | | | |

1) 一部の酵母ではセリン，　2) 繊毛虫類とカサノリではグルタミン，
3) マイコプラズマではトリプトファン；繊毛虫ではシステイン
出典：例外事項については，田村隆明・山本雅編『分子生物学イラストレイテッド（改訂第2版）』羊土社，2003, p.57を参考にした。

ノアシルtRNAが結合する。以下，同様のサイクルに入り，アミノ酸が順次ペプチド結合しての停止コドンに至るまでペプチドが伸長する（図11-5）。

このように，mRNA上のコドンの読み出し開始部からmRNA上の停止コドン出現部までの塩基数の3分の1の数に対応する数のアミノ酸の鎖，すなわち，ペプチドが形成されることになる。この過程を翻訳（トランスレーション；translation）と呼ぶ。なお，mRNAの情報配列の読み出し開始部は，メチオニンに対応するコドンをもつ部位のうち，mRNAの読みだされる方向（上流方向）に位置するオペレータ部からである。

このようにしてさまざまな長さのアミノ酸配列をもつペプチド（このうち，たんぱく質には分子量が約4,000以上から数億になるものがある）が形成される。なお，原核生物の真正細菌では最初に読み出されるメチオニンはホルミル化された状態でペプチド結合の形成をはじめるが，ペプチド合成終了後にホルミル基が取り除かれる（表11-1）。以上の過程はDNA→RNA→たんぱく質と集約され，遺伝情報の発現機構のセントラルドグマと呼ばれている。rRNAやtRNAなどの合成ではDNA→RNAの過程のみが進行し，たんぱく質合成を伴わない。ヒトエイズウイルスのような一部のRNAウイルスでは，mRNA→DNA→RNA→たんぱく質となる。このmRNA→DNAの過程を逆転写と呼ぶ。

## 3-2 ▶たんぱく質の構造

　先述したようなペプチドにおけるアミノ酸の配列を，ペプチドの一次配列と呼ぶ。ペプチドの高次構造は，たんぱく質を中心に研究され，また論じられてきたので，以下，たんぱく質の高次構造として解説する。

　アミノ酸の一次配列が決定すると，一次配列を構成する特定のアミノ酸間で水素結合などさまざまな結合が形成されて，ペプチドは α ヘリックスや β 構造，これらに至らないランダムコイル部が出現する。このような状態をたんぱく質の二次構造という。このように一次構造に基づき，たんぱく質は特定の二次構造を形成したのち，さらに三次元化が進み，アミノ酸の一次配列に対応する三次構造をもつたんぱく質が形成される（図 11-6）。構造たんぱく質や機能たんぱく質は三次構造をもつことによってそのはたらきが発揮されるようになる。

　たんぱく質によっては，三次構造をもったものがいくつか集まってはじめて意味のある構造あるいは機能をもつものもある。これをたんぱく質の四次構造と呼び（図 11-6），その構成単位となる各三次構造をもつたんぱく質をサブユニットいう。たとえば，4個のサブユニットからなる四次構造をもつたんぱく質は4量体と呼ばれる。なお，機能たんぱく質である酵素などや構造たんぱく質のなかには，たんぱく質のみならず，金属やその他の分子族と結んではじめて構造や機能を発揮するものもある。

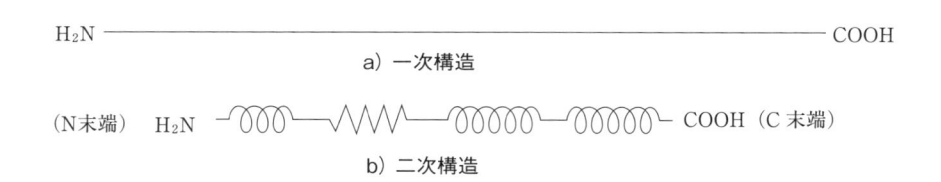

$H_2N$ ——————————————————— COOH
a）一次構造

（N末端）　$H_2N$ —〰〰〰—〰〰〰— COOH（C末端）
b）二次構造

c）三次構造

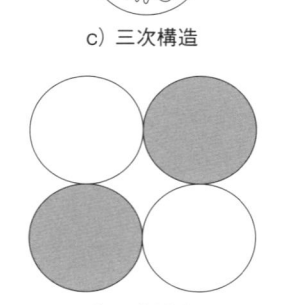

a）一次構造：（20種類の L-α-アミノ酸による配列；ただし，グリシンには L，D の区別はない）
b）二次構造：水素結合などによって維持される。
　α ヘリックス：らせんで表示；β 構造：ジグザグで表示；
　ランダムコイル：直線で表示
c）三次構造：S-S 結合などによって維持される。
d）四次構造：三次構造をもつ二つ以上のサブユニットで構成される。
　（網で示したサブユニットと無印で示したサブユニットより構成される4量体の例；すべて同一のサブユニットより構成されるものもある）

d）四次構造

図 11-6　たんぱく質の構造

出典：中村運『基礎生物学』培風館，1981，p.50 をもとに著者改変

# 4 突然変異（変異）

　突然変異の概念はド・フリース（H. M. de Vries）によって打ち立てられた（1901年）。遺伝子部分の塩基に変化が生じると，遺伝情報の発現自体が起こらなかったり，遺伝情報の発現は起こっても生じるアミノ酸鎖（アミノ酸の配列やアミノ酸の鎖の長さ），すなわちペプチドの一次構造に変化が生じる。このように変異を生じ，生きながらえた個体は突然変異株（変異株，ミュータント；mutant）と呼ばれる。自然界での生存の可否や子孫への垂直伝播の可否にかかわらず，DNAに元のものにくらべて何らかの変化を起こしたものは突然変異株である。

　真核生物では染色体に変化（欠失，逆位，重複，挿入，転座）が生じ，その結果として遺伝子部分の塩基に顕著な変化が起こり，突然変異が発生する場合もある。真核生物はそれぞれ固有の染色体数をもつが，その染色体数に変化が生じて形質発現が元とは異なることもある。真核生物のうち多細胞生物では，これらの変異が生殖細胞で生じないことには変異が子孫におよぶことはない。ただし，無性生殖を行うことのできる多細胞生物では，無性生殖細胞に前記と同様の変異が生じても，その変異が生育している環境での生活に不利とならなければ，その変異は子孫に伝わる。

　一方，原核生物では，無性生殖によって子孫を増やすので，ある個体に生じた変異は，その個体が自然界で生存可能であれば，その変異は固定され子孫に伝わっていくことになる。すなわち，原核生物は，真核生物のような形での有性生殖を行わず，原則的に無性生殖で増殖するため，突然変異はその個体に致命的なものでなければ容易にそのまま垂直伝播する。さらに原核生物では，核様体を構成するDNA以外に，核外に存在するDNA分子であるプラスミド（plasmid；p.11，図2-2参照）に変異が生じても突然変異株が生じる。耐性菌の発生はこのようなメカニズムが一因になっていると考えられている。一方，着目した遺伝子に変異を生じていない元の個体を野生株と呼ぶ。

　なお，複数のコドンが特定のアミノ酸に対応している場合が多い（表11-2）ので，DNAの塩基配列に変化が生じても，翻訳時にtRNAに特定されるアミノ酸に変化が生じない場合がある。このような突然変異を，サイレント変異という。さらに，遺伝子領域以外のDNAの塩基配列の変化や，真核生物では，イントロン部に生じた変化は遺伝情報の発現に影響が生じず，変異が蓄積されやすい。自然突然変異率は一遺伝子当たり10万分の1から10億分の1といわれているが，放射線，紫外線の照射や化学物質による処理によってこの値は上昇する。

## 参考文献

吉里勝利監『スクエア最新図説生物neo（四訂版）』第一学習社，2016
巌佐庸ほか編『岩波生物学辞典（第5版）』岩波書店，2013
田村隆明『コア講義　生物学』裳華房，2008
村松正實ほか編『分子細胞生物学辞典（第2版）』東京化学同人，2008
今堀和友・山川民夫監／大島泰郎ほか編『生化学辞典（第4版）』東京化学同人，2007
石原勝敏ほか共著『目でみる生物学（三訂版）』培風館，2006
Watson J. D., et al.,（滋賀陽子ほか訳／中村桂子監訳）『遺伝子の分子生物学（第5版）』東京電機大学出版局，2006
田村隆明・山本雅編『分子生物学イラストレイテッド（改訂第2版）』羊土社，2003
中村運『基礎生物学――分子と細胞レベルから見た生命像』培風館，1981
荒木忠雄ほか共著『現代生物学図説』培風館，1977
沼田真編『新しい生物学史――現代生物学の展開と背景』地人書館，1973

---

**コラム**　プリオン（prion）

　ウシ海面状脳症（狂牛病；bovine spongiform encephalopathy：BSE），ヤギやヒツジのスクレイピー（scrapie），ヒトのクロイツフェルト・ヤコブ病（Creutzfeldt-Jacob didease：CJD）やクールー（Kuru）などの原因となる，たんぱく質のみからなる感染性因子である。既知のプリオン病は，哺乳類の脳などの神経組織の構造変化を起こさせる。プリオン自体は正常な個体にも存在するたんぱく質の一つ（PrP）である。正常な$PrP^C$は病原性のプリオン（$PrP^{SC}$）によってミスフォールド型の病原性のプリオンに翻訳後修飾を受けて変換されるとする説があるが，$PrP^{SC}$の増殖機構はまだ十分には解明されていない。なお，プリオン様たんぱく質は酵母からも得られているが，病原性は知られていない。

（鈴木彰）

---

**コラム**　スベドベリ単位（スヴェードベリ単位；S：Svedberg unit）

　沈降係数$s$の単位である。単位遠心加速度中での溶媒中での溶質の沈降速度（沈んでいく速度）で表記される沈降係数$s$のうち，$10^{-13}$秒となるものを1Sと表記する。これは生体を構成する多くの高分子の沈降係数が$10^{-13}$秒のオーダーであることに由来する。たとえば真核細胞の80Sリボソームは，60Sと40Sサブユニットから構成されている。一方，原核細胞の70Sリボソームは，50Sと30Sサブユニットから構成されている。このように，沈降速度は対象となる物質の重さを主体にその大きさや形も関係するため，いくつかのサブユニットから構成される構造体のスベドベリ単位で示した値は，各構成サブユニットのスベドベリ単位で示した値の単純な足し算とはならない。

（鈴木彰）

# 第Ⅱ部

# 実　験

# 第12章

# 微生物学実験の基本操作

## 1 微生物の取り扱い

実験の操作にあたり，目的の微生物以外の混入を防ぐために，無菌操作について十分理解して手法を習得するとともに，微生物の取り扱いに注意する必要がある。

### 1-1 ▶操作に関する注意

① 実験室内では清潔な作業着を着用し，また，作業着を着用のまま外出しない。手の消毒，洗浄を行う。
② 実験に使用する器具，希釈水などはすべて滅菌する。使用した器具等は滅菌してから洗浄，廃棄する。
③ 微生物の種類，実験内容により，クリーンベンチ等を使用する（バイオハザード対策）。
④ 実験室内感染，事故防止のために正しい手法を身に付ける。

### 1-2 ▶滅菌，消毒

#### ❶ 滅　菌

微生物を取り扱うにあたり，滅菌操作は必ず行う。主な滅菌法について，表 12-1 に示す。

表 12-1　主な滅菌方法

| | |
|---|---|
| 火炎滅菌 | 白金線，白金耳，試験管口などの滅菌に用いる |
| 乾熱滅菌 | ガラス，金属，陶磁器製などの器具の滅菌に用いる。180℃で0.5～1時間，160℃で2～4時間の滅菌を行う |
| 高圧蒸気滅菌 | 器具や培地の滅菌に用いる。オートクレーブを使用し，121℃で15～20分間の滅菌を行う |
| ガス滅菌 | プラスチックなど耐熱製でない器具に用いる |
| ろ過滅菌 | 溶液の除菌に用いる |

#### ❷ 消　毒

手指の殺菌，実験台，器具などは噴霧，拭くなどする。一般に，75 %（V/V）アルコール溶液，塩化ベンザルコニウムなどを用いる。表 12-2 に消毒剤の種類と性質を示す。

表 12-2　消毒剤の種類

| 消毒剤 | | 物質名（商品名） | 性　質 |
|---|---|---|---|
| ハロゲン化合物 | 塩　素 | 次亜塩素酸ナトリウム | 水，食品，器具用の消毒 |
| | ヨウ素 | ポビドンヨード（イソジン） | 皮膚，粘膜の消毒 |
| | クロルヘキシジン酸 | グルコン酸クロルヘキシジン（ヒビテングルコネート） | 皮膚，粘膜，器具等消毒 |
| 逆性石鹸 | | 塩化ベンザルコニウム（オスバン） | 手指，器具等消毒 |
| アルコール | | エタノール | 手指，器具類の消毒，芽胞にはきかない |
| フェノール類 | フェノール | フェノール水溶液 | 有機物存在下で有効 |
| | クレゾール | クレゾール石鹸 | 有機物存在下で有効 |
| アルデヒド | | ホルマリン | 室内の燻蒸消毒等 |

### ❸ 希釈液

一般に，生理食塩水（0.9％塩化ナトリウム溶液）を調製し，希釈液に用いる。

## 2　培地の調製

培地は微生物の必要とするすべての栄養素を含んでいることが大切であり，組成は微生物の種類や実験の目的で異なるので，適した培地を使用する。微生物の培養は水素イオン濃度も重要で，最適な pH に調製する。pH 調製は 1 mol/L HCl または NaOH 溶液が用いられる。

### 2-1 ▶液体培地

ここでは，一般細菌用培地である GYP 液体培地（p.148，表 12-5 参照）を用いて，培地の調製法を示す。

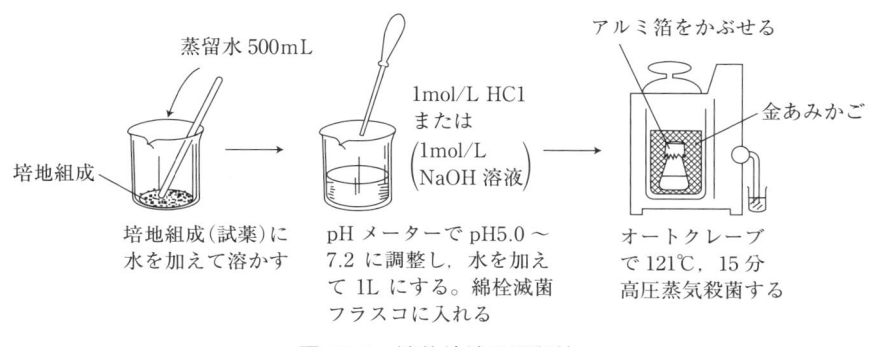

図 12-1　液体培地の調製法

## 2-2 ▶固体培地

　ここでは，一般細菌用培地である GYP 寒天培地（p.148，表 12-5 参照）を用いて，高層培地，斜面培地および平板培地の調製法を示す。

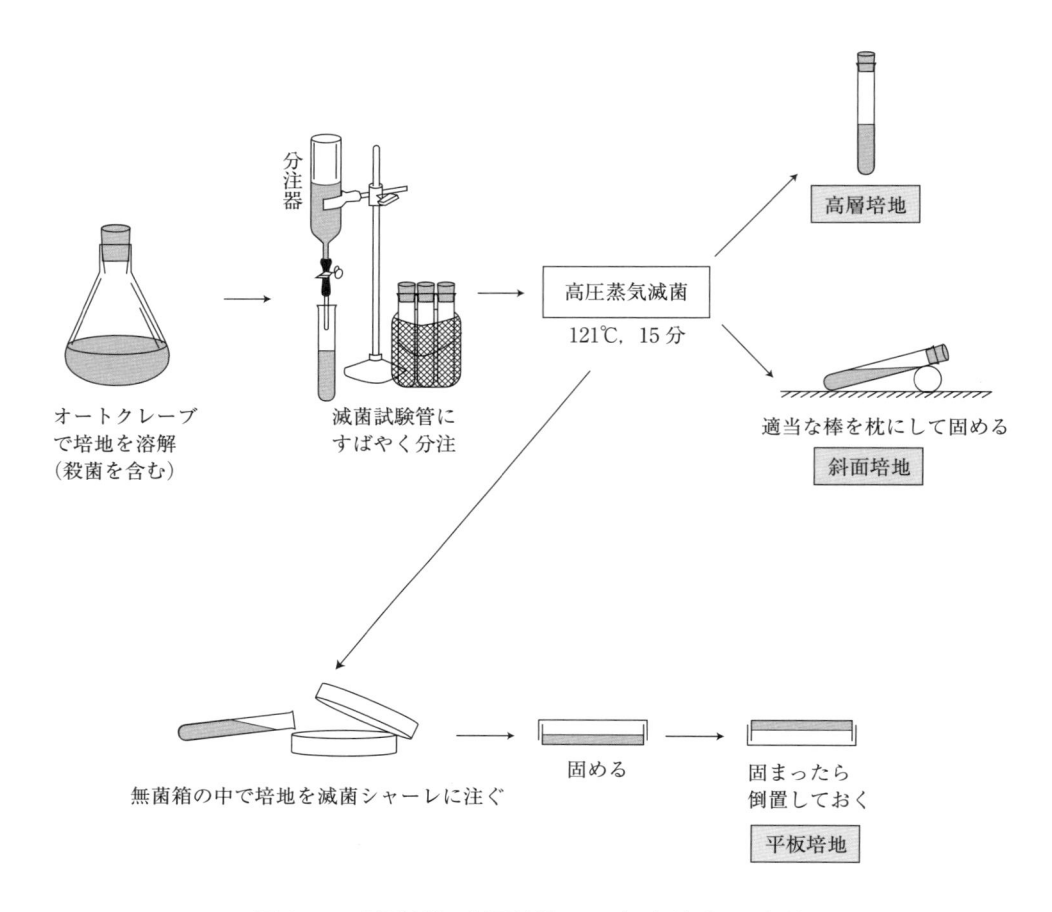

図 12-2　高層培地，斜面培地および平板培地の調整法

## 3 微生物の分離法

集積培地やシャーレのコロニーから菌を分離し，培養する方法を示す。

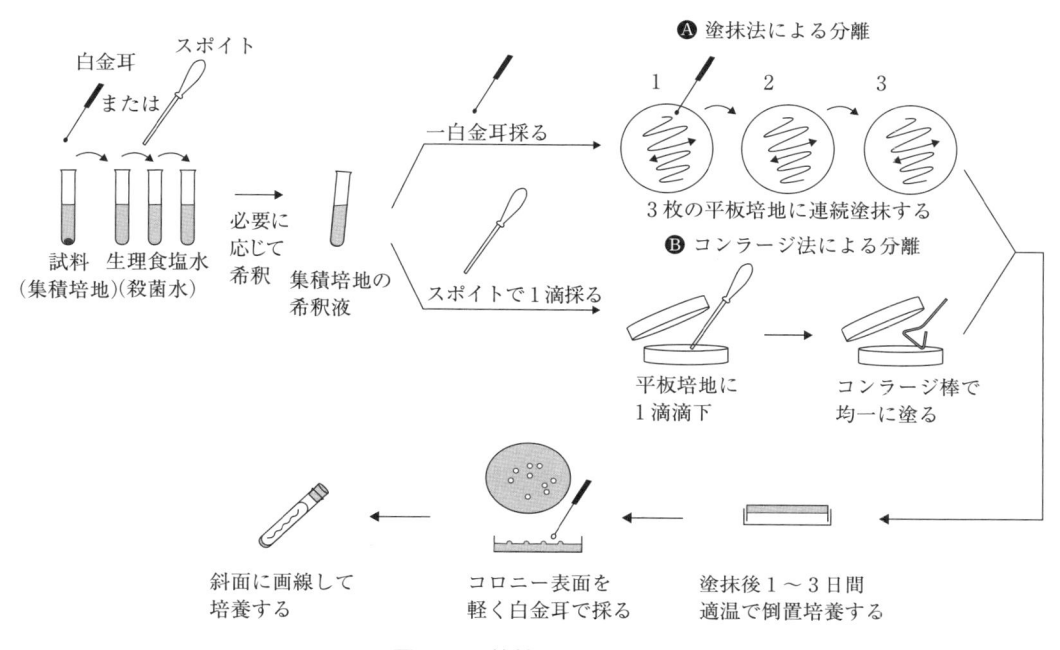

**❶ 塗抹法による分離**

**❷ コンラージ法による分離**

図 12-3　塗抹による分離

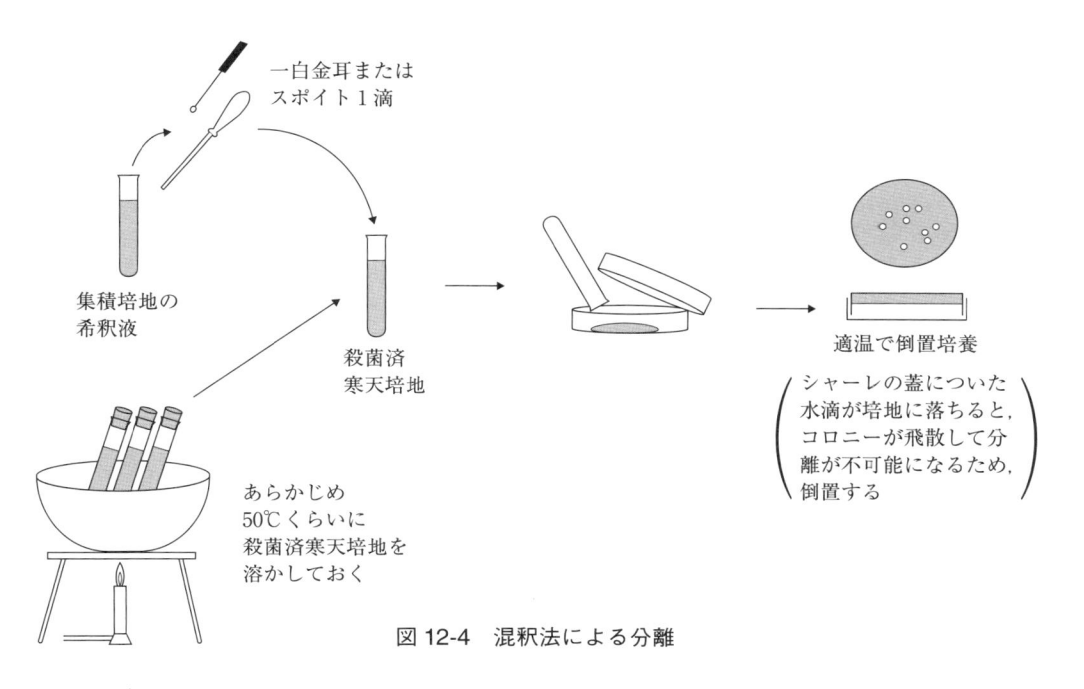

図 12-4　混釈法による分離

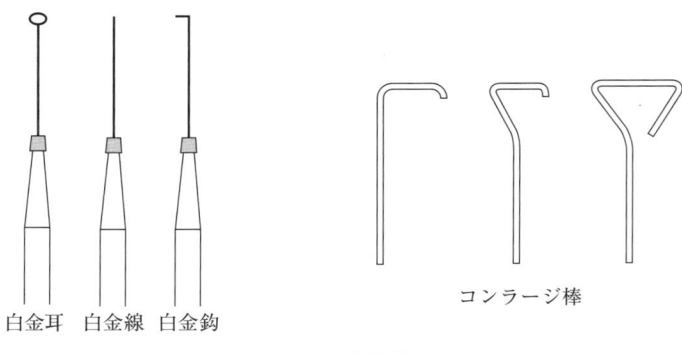

140　第12章　微生物学実験の基本操作

白金耳　白金線　白金鈎　　　　コンラージ棒

図 12-5　使用器具

# 4　移植法

## 4-1 ▶ 微生物の移植法

　分離した微生物を純粋培養，または保存菌株を移植する。ここでは，移植法とその操作について示す。微生物の移植法とその主な用途を表 12-3 に示す。

表 12-3　菌の移植法と用途

| 培地 | | 移植方法 | 用途 |
|---|---|---|---|
| 固体培地 | 斜面培地（画線） | または 直線　画線 斜面の表面に白金耳で軽く接種する。 | カビ，酵母，酢酸菌，枯草菌などの培養（好気性菌） |
| | 高層培地（穿刺） | 菌をつけた白金線を培地中央に刺す。 | 乳酸菌，大腸菌などの培養（通性嫌気性菌，嫌気性菌：底部に生育） |
| 液体培地 | | 集積培地　　　培養 斜面培地　高層培地 集積培地または斜面培地，高層培地から，一白金耳を採り，液体培地中でよく混ぜる。 | 生理・生態の観察，培養液の分析，固体の収得など |

## 4-2 ▶移植操作

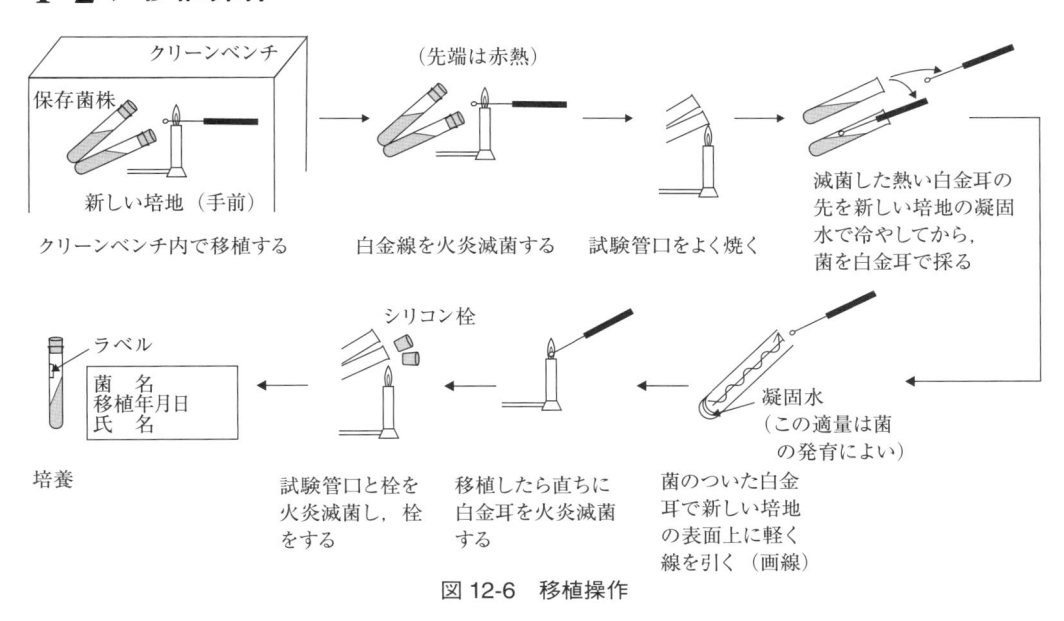

図12-6　移植操作

# 5 微生物の培養および保存

## 5-1 ▶微生物の培養

移植した培地は恒温器に入れ，適温で一定期間培養する。一般にかびは28℃，酵母は30℃，細菌は37℃で培養する。

## 5-2 ▶菌株の保存

純粋に培養された微生物を保存するためには，適当な培地に一定期間移植して培養し，低温（5～10℃，冷蔵庫）に保存する。乾燥や水滴で栓がぬれないように，アルミ箔を試験管の上からかぶせるとよい。ひとつの微生物に対し複数の移植をする。万が一，汚染した場合は平板（塗抹）培養を繰り返し，雑菌を除去する。長期間何度

表12-4　微生物の保存法

| 微生物 | 培地・培地形式 | 培養温度 | 培養日数 | 保存期間 |
|---|---|---|---|---|
| かび，酵母 | 麦芽エキス寒天培地，斜面培地 | 28～30℃ | 2～3日間 | 2～3か月 |
| 乳酸菌 | GYP白亜寒天培地，高層培地 | 30～37℃ | 1～2日間 | 1か月 |
| 納豆菌 | 肉汁寒天培地，斜面培地 | 37℃ | 1～2日間 | 2～4か月 |
| 酢酸菌 | 酢酸菌用保存培地，斜面培地 | 37℃ | 1～2日間 | 2～4か月 |
| シュードモナス菌 | ブイヨン培地，斜面培地 | 37℃ | 1～2日間 | 2～4か月 |

も繰り返し移植すると，変異を起こす可能性があるので，凍結保存や乾燥保存など細胞を休止状態にする方法がある。

# 6 観　察

微生物，特にかびは平板培地を利用してジャイアントコロニーを形成させ，外観，組織，色調などを観察する。また，コロニーとなると肉眼で観察できるが，一菌体や胞子の観察は顕微鏡を使用する。

## 6-1 ▶肉眼観察

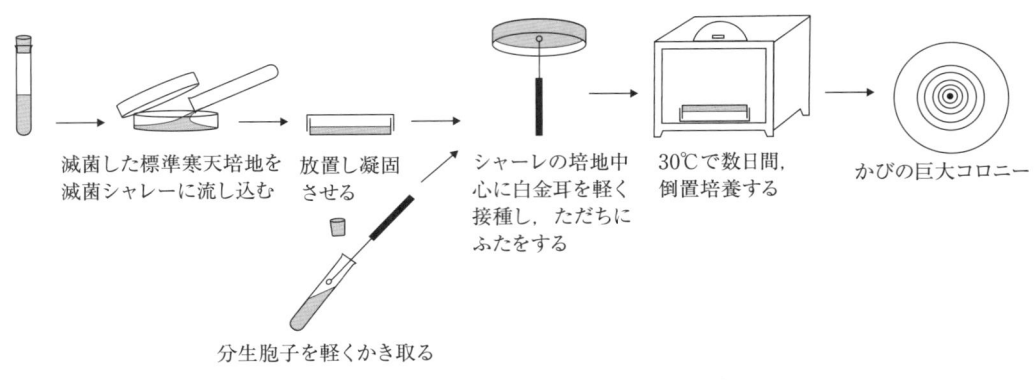

図 12-7　ジャイアントコロニーの作り方

## 6-2 ▶顕微鏡観察

微生物の大きさ，形，菌数の測定などの観察に顕微鏡観察の方法があり，光学顕微鏡と電子顕微鏡がある。電子顕微鏡には，透過型電子顕微鏡，走査型電子顕微鏡がある。ここでは，一般によく使われる光学顕微鏡について述べる。

### ❶ 光学顕微鏡

可視光線または可視付近の紫外線，近赤外線を標本（試料）に照射し，試料から透過光，反射光，蛍光などの複数のレンズで結像させ，観察する。プレパラート（スライドグラスに載せた標本）の上方から観察する正立型，シャーレなどの培養細胞を下から観察する倒立型がある。照明形式の違いから，標本からの透過光を観察する透過型と標本からの反射光を観察する落射型がある。

## ❷ 顕微鏡の操作（図 12-8）

❶ 接眼レンズと対物レンズを取り付け，ステージの上にプレパラート（標本）を乗せ，クリップで止める。
❷ 低倍率の対物レンズとプレパラートを真横から見て，調整ねじですれすれまで近づける。
❸ 接眼レンズをのぞきながら，試料の像が見えるまで粗動ねじを両手でゆっくり回し，ステージを下げ調節し，さらに，微動ねじでピントを合わせる。
❹ 低倍率で観察し，対象物の位置が確認できたら，レボルバーを回して対物レンズの倍率を上げて観察する。
❺ さらに高倍率で観察するときは油浸レンズを使用。使用後はエタノールで拭く。

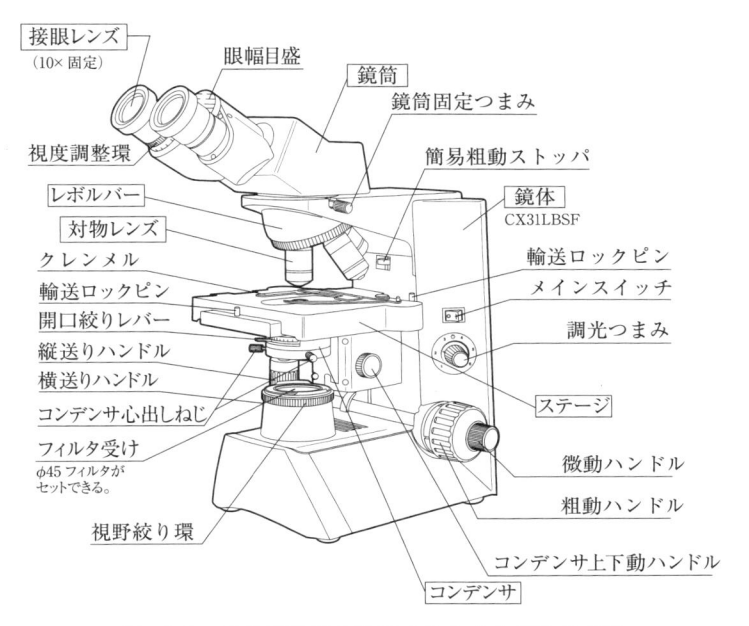

図 12-8　光学顕微鏡の装置全体と主な部位の名称
双眼鏡筒でステージを上下させてフォーカスを合わせ，十字動装置が付いた型のもの

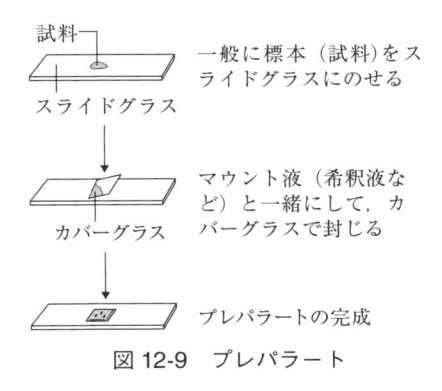

図 12-9　プレパラート

## 7 菌体の計測

　菌の大きさは接眼ミクロメーター，対物ミクロメーターの目盛りの重なりを計算して測定する。接眼ミクロメーターは円型のガラス板の中央に1目盛り100μmの5mm線を刻んだもので，対物ミクロメーターはスライドグラスの中央に1目盛り10μmを刻んである。

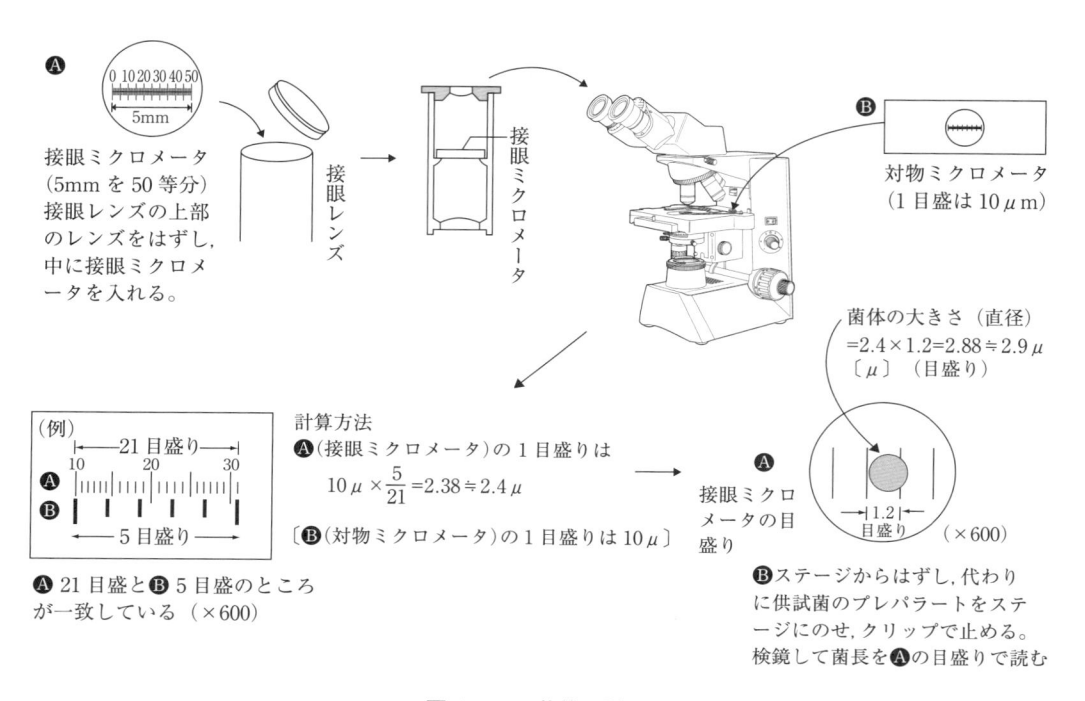

**Ⓐ** 接眼ミクロメータ（5mmを50等分）接眼レンズの上部のレンズをはずし，中に接眼ミクロメータを入れる。

**Ⓑ** 対物ミクロメータ（1目盛は10μm）

**計算方法**
Ⓐ（接眼ミクロメータ）の1目盛りは
$10\mu \times \dfrac{5}{21} = 2.38 \fallingdotseq 2.4\mu$

〔Ⓑ（対物ミクロメータ）の1目盛りは10μ〕

Ⓐ 21目盛とⒷ 5目盛のところが一致している（×600）

Ⓐ 接眼ミクロメータの目盛り

菌体の大きさ（直径）
$= 2.4 \times 1.2 = 2.88 \fallingdotseq 2.9\mu$
〔μ〕（目盛り）（×600）

Ⓑ ステージからはずし，代わりに供試菌のプレパラートをステージにのせ，クリップで止める。検鏡して菌長をⒶの目盛りで読む

図 12-10　菌体の計測

## 8 菌数の測定

　微生物の増殖量を測定する方法は多数あるが，一般に総菌数と生菌数の測定がある。

### 8-1 ▶ 総菌数の測定

　トーマ血球計を用い菌数を数える。血球計は，スライドグラスの上に0.05 mm角の正方形の区画線があり，ここにカバーグラスを載せると血球計とカバーグラスの間に0.01 mmの厚さができる。1区画の体積は0.05 mm×0.05 mm×0.1 mm＝0.00025 mm³ ＝ (1/4) × 10⁻⁶ mLとなる。

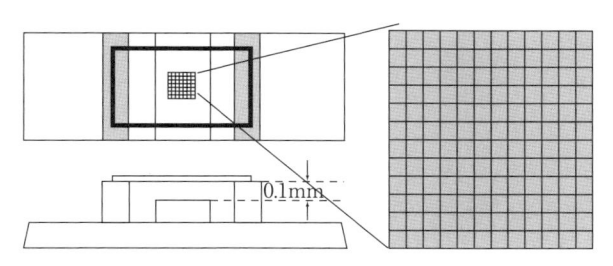

図 12-11 トーマ血球計

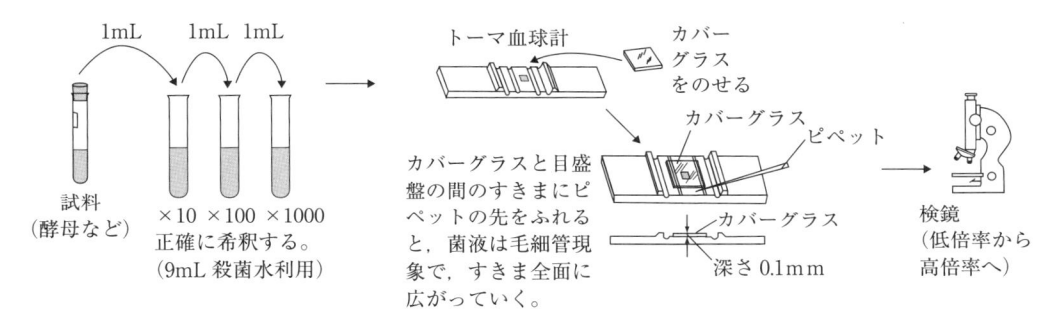

図 12-12 総菌数の測定方法

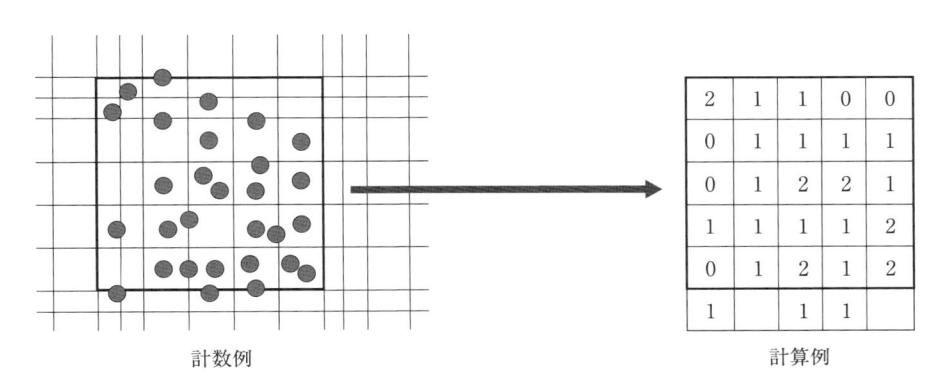

計数例

菌は，『□』部分に存在するものだけを計数する．1区画に5〜15個程度入るよう希釈する．各区画で計数される菌体数は上記に示すように，25区画中（太線で囲んだ部分）に26個の菌が存在する．1区画当たりの菌数は26/25（個）である．

計算例

25区画で26個の菌体が存在すると，1区画の菌体数は(26/25)個．1区画の体積は$(1/4)\times 10^{-6}$mLであるので，本試料の菌体濃度（個/mL）は，
$\{(26/25)個\}/\{(1/4)\times 10^{-6}\}$mL
$\approx 4.14\times 10^{6}$（個/mL）である．
希釈したときは希釈率をかける．

図 12-13 計算法

## 8-2 ▶生菌数の測定

総菌数の測定同様に，試料を希釈し，1 シャーレあたりコロニー数が 30 〜 300 個くらいの範囲に希釈する。

生菌数は，同じ希釈倍率 2 枚の平均値を求める。希釈倍率の異なる場合で，どの希釈倍率もコロニー数が 30 個以下のときは，最も希釈倍率の低い培地のコロニー数を採択する。希釈倍率の異なり，コロニー数に 2 倍以上の差がみられる場合は，希釈倍率の低いコロニー数を採択する。

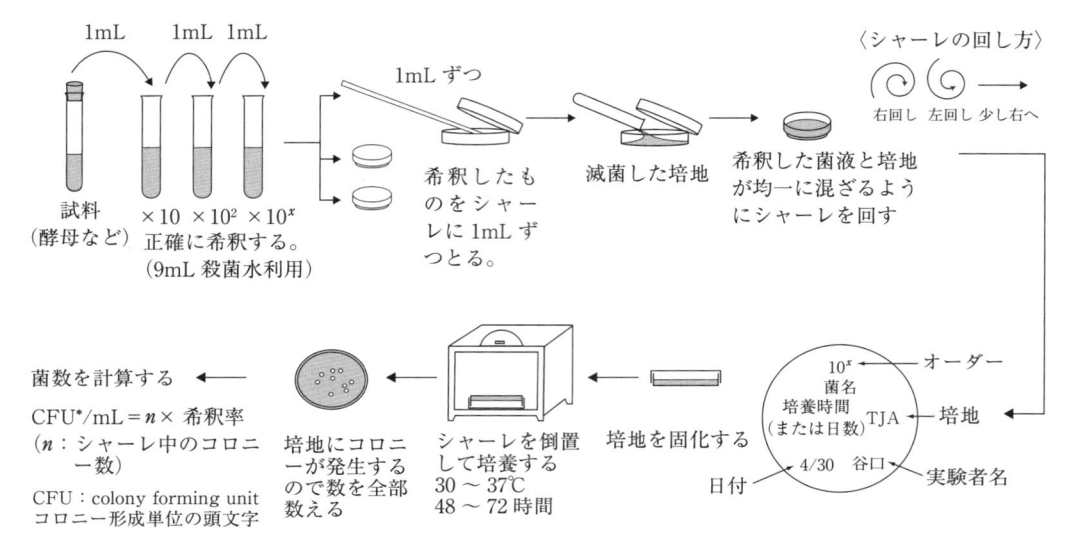

図 12-14　生菌数の測定方法

# 9　細菌のグラム染色

グラム染色により細菌をグラム陰性菌とグラム陽性菌に分けることができる。染色性の違いから細胞壁の構造の違いが確認され，区別される。

試薬：A 液（クリスタルバイオレット液）：クリスタルバイオレット 2 g，エタノール 20 mL の液とシュウ酸アンモニウム 0.8 g，蒸留水 80 mL の液を各々調製し混ぜる。

B 液（ルゴール液）：ヨウ素カリウム 2 g，ヨウ素 1 g，蒸留水 80 mL

C 液（サフラニン液）：2.5 ％サフラニンアルコール液（サフラニン 2.5 g，エタノール 100 mL）100 mL，蒸留水 1000 mL

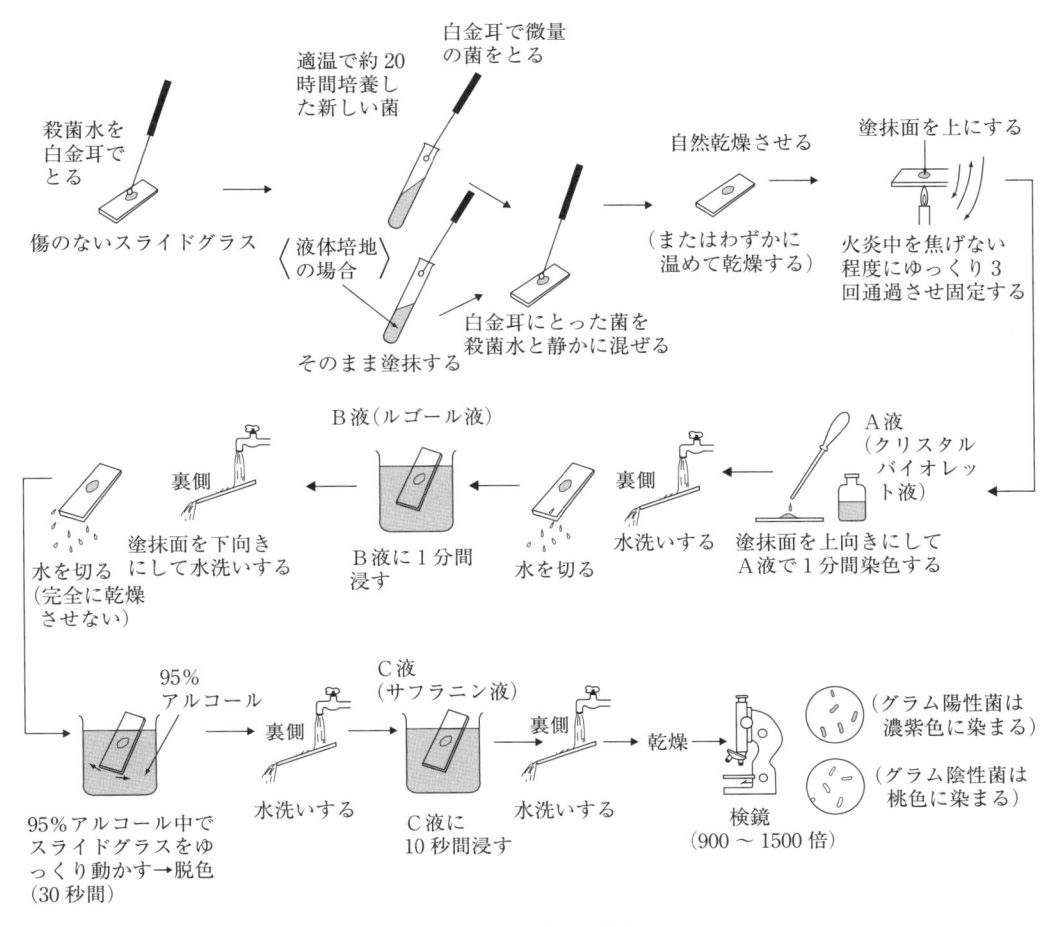

図 12-15　グラム染色

# 10　主な培地

## 10-1 ▶ 一般的培地

よく使用される培地を表 12-5 に示す。一般に 121 ℃で 15 分間，オートクレーブなどで殺菌する。

表 12-5 主な培地

| 培地名 | 組　成 | pH | 対象菌 |
|---|---|---|---|
| ブイヨン培地（肉汁培地，普通寒天培地） | 肉エキス 10 g, ペプトン 10 g, 塩化ナトリウム 5 g, (寒天 20 g), 蒸留水 1 L | pH6.8～7.2 | 一般細菌<br>大腸菌群，シュードモナス菌の保存用 |
| LB 培地（ルリア培地） | トリプトン 10 g, 酵母エキス 5 g, 塩化ナトリウム 10 g, (寒天 15 g), 蒸留水 1 L | pH 無調製 | 一般細菌<br>特に大腸菌 |
| GYP 培地（酵母エキスペプトン培地，標準寒天培地） | グルコース 10 g, 酵母エキス 5 g, ペプトン 10 g, (寒天 20 g), 蒸留水 1 L | pH5.0～7.2 | 一般細菌酵母，糸状菌：弱酸性，細菌：中性 |
| GYP 改変培地（GYP 白亜寒天培地） | グルコース 10 g, 酵母エキス 10 g, ペプトン 5 g, 酢酸ナトリウム 1 g, 硫酸マグネシウム・7 水和物 0.2 g, 硫酸マンガン・4 水和物 0.01 g, 硫酸第一鉄 0.01 g, 塩化ナトリウム 0.01 g, Tween80 0.5 g, (寒天 20 g), 蒸留水 1 L, 炭酸カルシウム 10 g | pH6.8 | 乳酸菌の検出 |
| MRS 培地 | グルコース 20 g, ペプトン 10 g, 肉エキス 10 g, 酵母エキス 5 g, Tween80 1 g, リン酸水素二カリウム 2 g, 酢酸ナトリウム 5 g, クエン酸水素二アンモニウム 2 g, 硫酸マグネシウム・7 水和物 0.2 g, ナトリウム 0.01 g, 硫酸マンガン・4 水和物 0.05 g, (寒天 20 g), 蒸留水 1 L | pH6.2 | 乳酸菌 |
| ポテトデキストロース培地（PDA 培地） | じゃがいも抽出液 200 mL, グルコース 20 g, (寒天 20 g), 蒸留水 1 L | pH5.6 | 糸状菌，酵母<br>じゃがいもを 20 分煮てろ液を作る。 |
| 酢酸菌用保存培地 | じゃがいも抽出液 200 mL, グルコース 5 g, ペプトン 5 g, 酵母エキス 5 g, 炭酸カルシウム (寒天 20 g), 蒸留水 1 L | pH7.0 | 酢酸菌<br>じゃがいもを 20 分煮てろ液を抽出液とする。 |
| YM 培地 | グルコース 10 g, ペプトン 5 g, 酵母エキス 3 g, 麦芽エキス 3 g, (寒天 20 g), 蒸留水 1 L | pH 無調整 | 酵母糸状菌でも可 |
| 麦芽エキス培地（ME 培地） | グルコース 20 g, 麦芽エキス 20 g, ペプトン 1 g, (寒天 20 g), 蒸留水 1 L | pH6.0 | 糸状菌 |
| Yest extract - Malt extract 培地 | グルコース 4 g, 麦芽エキス 10 g, 酵母エキス 4 g, (寒天 20 g), 蒸留水 1 L | pH7.3 | 放線菌 |
| 乳糖ブイヨン培地 | ラクトース 5 g, ペプトン 10 g, 肉エキス 3 g, ブロモチモールブルー (BTB) 0.024 g, (寒天 20 g), 蒸留水 1 L | pH7.2 | 大腸菌群<br>乳糖資化性判定用 |
| デソキシコレート培地 | ラクトース 5 g, ペプトン 10 g, 塩化ナトリウム 5 g, デソキシコール酸ナトリウム 1 g, リン酸水素二カリウム 2 g, クエン酸鉄アンモニウム 2 g, ニュートラルレッド 0.03 g, 寒天 15 g, 蒸留水 1 L | pH7.2 | 大腸菌群の検出 |
| EC 培地 | ラクトース 10 g, ペプトン 20 g, 胆汁酸塩 1.5 g, リン酸水素二カリウム 4 g, リン酸二水素カリウム 1.5 g, 塩化ナトリウム 5 g, 蒸留水 1 L | pH7.2 | 大腸菌群の検出特に E. coli の確認 |
| ローズベンガル・クロラムフェニコール培地 | グルコース 10 g, ペプトン 5 g, リン酸二水素カリウム 1 g, 硫酸マグネシウム・7 水和物 0.5 g, ローズベンガル 0.05 g, クロラムフェニコール 0.1 g, 寒天 20 g, 蒸留水 1 L | pH7.2 | 酵母，糸状菌 |
| ツァペック培地（ツァペック・ドックス培地） | スクロースまたはグルコース 30 g, 硝酸ナトリウム 2 g, リン酸二水素カリウム 1 g, 硫酸マグネシウム・7 水和物 0.5 g, 塩化カリウム 0.5 g, 硫酸第一鉄 0.01 g, (寒天 15 g), 蒸留水 1 L | pH 無調整 | 糸状菌 |
| X-GAL 培地（5-ブロモ-4-クロロ-3-インドリル-β-D-ガラクトピラノシド培地） | ペプトン 15 g, 酵母エキス 5 g, ピルビン酸ナトリウム 1 g, 塩化ナトリウム 5 g, リン酸一水素ナトリウム 2 g, 硝酸カリウム 1 g, ラウリル硫酸ナトリウム 0.15 g  X-GAL 0.15 g, 寒天 15 g | pH7.1 | 大腸菌群 |

## 10-2 ▶ デソキシコレート培地(大腸菌用培地)のつくり方

　食品などの試料中の大腸菌群の有無を調べるのに，デソキシコレート培地が使われる。一般の培地はオートクレーブなどの滅菌を行うが，この培地は滅菌の必要がないので，ここに示す。大腸菌群の汚染の指標となる一般的測定法である。デオキシコール酸ナトリウムをデソキシコールに変え，これがニュートラルレッドと反応して大腸菌群のコロニーを赤く染める。デソキシコレート酸は，オートクレーブ滅菌により分解されやすく，結晶の析出が起こるので，この培地は，湯せん加熱溶解でつくる。

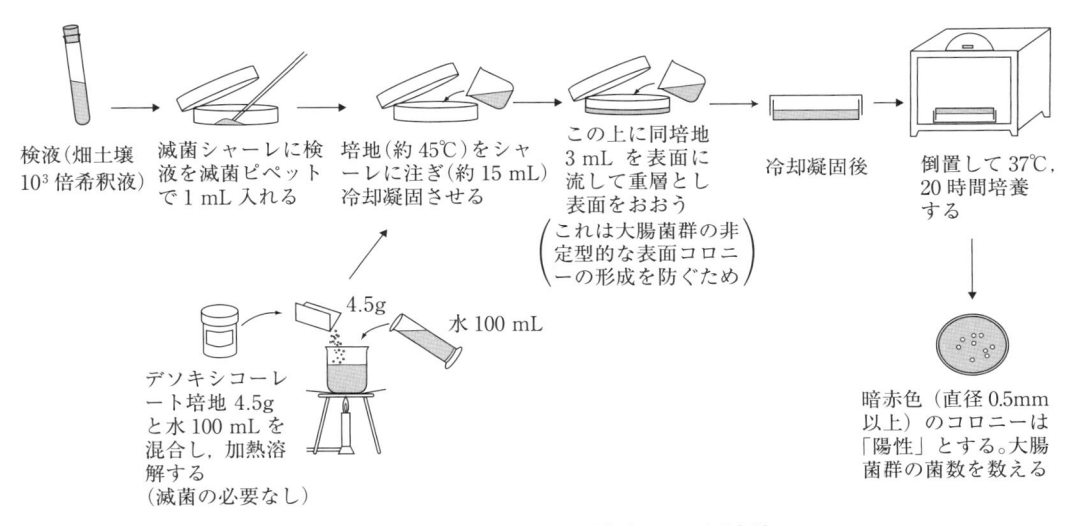

図12-16　デソキシコレート培地による測定法

#### 演習問題
1. 微生物学実験における一般的な操作に関する注意をあげなさい。
2. グラム染色において，グラム陽性菌，グラム陰性菌はおのおの何色に染色されるか答えなさい。また，なぜ染まる色が異なるのか述べなさい。
3. 平板培地はなぜシャーレを倒置して培養するのか答えなさい。
4. デソキシコレート培地はオートクレーブなどの滅菌操作をせずに調整するが，理由を答えなさい。

## コラム　根粒

　植物の根に真正細菌が共生する際にみられる瘤状の構造である。根粒菌（Rhizobiales科に属する *Rhizobium* spp. など）は，マメ科植物の根に共生して瘤状の根粒（根瘤）を形成する。共生すると自由生活状態とは異なるバクテロイドという形態をとり，窒素固定［大気中に存在する分子状窒素（$N_2$）をアンモニアに還元すること。硝化細菌によるアンモニアや亜硝酸の酸化，脱窒（素）細菌による硝酸や亜硝酸の分子状窒素（$N_2$）への変換などとともに窒素循環の重要な要素となっている］を行う。その他，被子植物のヤマモモ属，カバノキ属，グミ属などと放線菌の *Frankia* spp. などが根粒を形成して窒素固定を行うことが報告されている。このような *Frankia* 属の真正細菌と共生する非マメ科植物はアクチノリザル植物と呼ばれ，パイオニア植物（先駆植物）である。空中の窒素固定は，根粒に限らず，葉粒（マンリョウと *Bacterium foliicola* などによって形成される），茎粒（一部のマメ科植物に共生する *Azorhizobium* spp. などよって形成される），シダ植物のアカウキクサの仲間の上葉の小孔でのシアノバクテリアの *Anabaena azollae* との共生など多数の例が知られている。さらに，真正細菌の嫌気性菌のクロストリディウム（*Clostridium* spp.）や好気性菌のアゾトバクター（*Azotobacter* spp.）のように，共生によらず単独生活で窒素固定を行うものも多数知られている。現在のところ，真核生物では，原核生物との共生によらない窒素固定の完全な例は報告されていない。

　一方，炭素同化（炭酸固定）は，原核生物 ｛化学合成細菌［硝化細菌の硝酸（細）菌や亜硝酸（細）菌，鉄細菌，硫黄細菌など］，光合成細菌，シアノバクテリアなど｝ のみならず，単独生活する植物やミドリムシなどの真核生物でも広く知られている。なお，植物体内に存在する共生する微生物を総称してエンドファイト（endophytes）と呼ぶ。根粒菌も根に存在するエンドファイトの一つであるが，歴史的に根粒菌の方が古くから知られているため，エンドファイトに含めないことも多い。

（鈴木彰）


## コラム　菌根

　植物の根と真菌類の間にみられる共生関係で，現存する大多数の植物でみられる。共生する真菌類の菌根菌は，寄主（宿主，ホスト）となる植物の根の表皮のみを菌糸で取り囲むものから，根の皮層細胞内（厳密には，細胞膜を細胞内深く押し込むが細胞壁内に留まっている。光学顕微鏡レベルでは細胞内に侵入しているようにみえるため，通常，細胞内と記述する。このため便宜的に以下，細胞内と記述）まで菌糸を侵入させる場合があるが，菌糸が根の内皮より内側に侵入することはない。根の表皮表層部から皮層の細胞間隙まで菌糸が侵入する場合を外生菌根，その共生菌を外生菌根菌と呼ぶ。外生菌根の例としては，ホンシメジとアカマツなどやトリフとナラ属の樹木などがある。

　一方，根の皮層細胞内まで菌糸が侵入する場合を内生菌根，その共生菌を内生菌根菌と呼ぶ。内生菌根は，細胞内での菌糸の形態からさらにいくつかのタイプに分けられる。内生菌根の例としては，ナラタケ類とツチアケビ（無葉緑のラン科植物の一種）などの一部の腐生植物，ラン科植物やツツジ科植物などと各種真菌類などがある。寄主は，菌根菌がもつ菌糸の広いネットワークに依存して，根単独での場合に較べてはるかに広範囲から水分と養分の供給を受ける。一方，菌根菌は寄主植物から炭素源として糖類の供給を受けることによって，共生が成り立っている。

（鈴木彰）

付録 1. さまざまな微生物および微小な増殖体の特徴

| 微生物の種類 | | 大きさ (μm) | 細胞構造 | 体制 | 核クロマチン構造 | 核膜 | 細胞壁 | 細胞内小器官 | 代謝機能 | ゲノムの核酸 | 増殖方法 | 増殖の場 | 栄養様式 |
|---|---|---|---|---|---|---|---|---|---|---|---|---|---|
| ウイロイド | | 0.001～0.0001 | 無 | | | | | | 無 | RNA | 多コピー複製 | 細胞内 | 細胞内寄生性 |
| ウイルス | | 0.01～0.4 (1.0[1]) | 無 | | | | | | 無 | DNA/RNA | | 細胞内 | 細胞内寄生性 |
| 原核生物 | 真正細菌 リケッチア | 0.3～0.5×0.8～2.0 | 有 | 単細胞 | 無 | 無 | 有 | 無 | 有 | DNA | 2分裂 (無糸分裂) | 細胞内 | 従属栄養 (偏性細胞内寄生性) |
| | クラミディア | 0.25～1 | 有 | 単細胞 | 無 | 無 | 有 | 無 | 有 | DNA | 2分裂/多重分裂 (無糸分裂) | 細胞内 | 従属栄養 (偏性細胞内寄生性) |
| | マイコプラズマ | 0.15～0.5 | 有 | 単細胞 | 無 | 無 | 無 | 無 | 有 | DNA | 2分裂 (無糸分裂) | 細胞外 | 従属栄養 |
| | その他の真正細菌 | 0.1～15 (750[2]) | 有 | 単細胞/群体 | 無 | 無 | 有 | 無 | 有 | DNA | 2分裂 (無糸分裂) | 細胞外 | 従属栄養/独立栄養 |
| | 古細菌 | 0.1～15 | 有 | 単細胞 | 無 | 無 | 有/無 | 無 | 有 | DNA | 2分裂 (無糸分裂) | 細胞外 | 従属栄養 |
| 真核生物 | 真菌類 | 2～30 | 有 | 単細胞/多細胞/多核体[6] | 有 | 有 | 有 | 有 | 有 | DNA | 有糸分裂 | 細胞外 | 従属栄養 |
| | 偽菌類 | 2～740[3] | 有 | 単細胞/多細胞/群体/多核体[6] | 有 | 有 | 有/無 | 有 | 有 | DNA | 有糸分裂 | 細胞外 | 従属栄養 |
| | 動物 (プランクトン)[a] | 2～1000 (40000[4]) | 有 | 単細胞/多細胞/群体/多核体[7] | 有 | 有 | 無 | 有 | 有 | DNA | 有糸分裂 | 細胞外 | 従属栄養 |
| | 植物 (プランクトン)[b] | 1～100 (5000[5]) | 有 | 単細胞/多細胞/群体/多核体[8] | 有 | 有 | 有 | 有 | 有 | DNA | 有糸分裂 | 細胞外 | 独立栄養/従属栄養 |

群体や多細胞のものでは一細胞の大きさで表示。さまざまな真核生物で細胞内共生生が知られているが、ここでは細胞外のみ記述。たとえば、ボルバキア (Wolbachia pipientis) は節足動物やフィラリアの細胞内共生細菌として有名。
a：便宜的に古典的分類体系の2界説による動物（現、原生生物界などのプランクトン）を含めた。
b：便宜的に古典的分類体系の2界説による植物（現、珪藻類などのプランクトン）を含めた。

1) *Pandoravirus* 属
2) *Thiomargarita namibiensis*
3) 変形菌門の変形体など
4) *Gromia sphaerica* など
5) *Chara* spp. など
6) 変形菌門など
7) *Opalina japonica* など
8) *Vaucheria* spp. など

## 付録2. 細菌の細胞壁構造

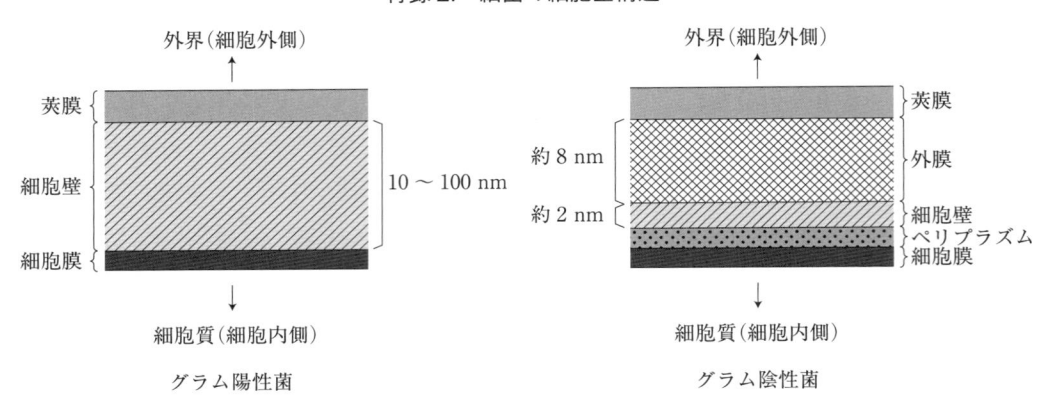

グラム陽性菌 / グラム陰性菌

グラム陰性菌の細胞壁はペプチドが少なく，リポ多糖やリポタンパク質が含まれる。一方，グラム陽性菌の細胞壁にはタイコ酸が含まれている。ペリプラズムは，グラム陰性菌にみられる細胞膜と細胞壁のペプチドグリカン（ムコペプチド，ムレインとも呼ばれる）層に囲われた部位を指す。莢膜（きょうまく）は，もつものともたないものがある。

## 付録3. グラム染色

| | 染　色 | 細菌壁 |
|---|---|---|
| グラム陽性菌 | 青色 | 厚さ10〜100 nm<br>ペプチドグリカン質からなる |
| グラム陰性菌 | 赤色 | 厚さ2 nm程度<br>ペプチドグリカン質外側に8 nmのリポ多糖からなる外膜がある |

# 索　引

## あ

アーバスキュラー菌根菌……17
アクラシス菌門……15
アスパルターゼ……60
アスパルテーム……64
アデノシン三リン酸……26
アナストモーシス……20
アナモルフ……21, 22
　──菌類……21
アニサキス……106
アフラトキシン……104
　──類……104
アミノアシラーゼ……61
アミノアシル部位……130
アミノ酸発酵……58
アミラーゼ……66
亜硫酸カリウム……49
アルコール発酵……27, 67
$\alpha$ヘリックス……132
暗黒期……24
アンチコドン……129
アンモニア……37

## い

異性化糖……64
イソフムロン……48
1類感染症……91
一般的衛生管理プログラム…119
遺伝暗号……129
遺伝情報の発現……128
糸引納豆……54
イニシエーター……127
イントロン……129
インフルエンザウイルス……95

## う

ウイルス……23
ウイロイド……25
ウェルシュ菌……100
うすくちしょうゆ……53
運搬RNA……129

## え

衛生標準作業手順書……120
エキソン……129
エキノコックス属条虫……94
エクソン……129
エクリプス期……24
エムデン-マイヤーホフ-パルナス
　経路……26
エンベロープ……23

## お

黄色ブドウ球菌……100
岡崎フラグメント……127
汚染作業区域……124
乙類焼酎……50
主な培地……148

## か

開始コドン……129
火炎滅菌……114
顎口虫……107
核酸……126
加工なめみそ……53
加工みそ……51
学校保健安全法施行令……86
学校保健法施行規則……86
かび……14
　──毒……104
カプシド……23
下面発酵ビール……48
汗腺……71
感染症法……82
感染力…98, 99, 100, 101, 102, 103
乾燥……39
寒天固形培地……3
乾熱滅菌……114
カンピロバクター……98

## き

危害分析重要管理点……118
偽菌類……14
きのこ……14

偽変形体……15
生酛系酒母……47
麹子……47
菌界……16
菌糸体……35

## く

空気感染……88
クエン酸……63
　──回路……28
クドア……107
クラミジア……13
クラミディア……13
グラム陰性菌……10
グラム染色……146
グラム陽性菌……10
クリプトスポリジウム……105
グルコアミラーゼ……66
グルコースイソメラーゼ……67
グルコノ-$\delta$-ラクトン……63
グルコン酸……63
グルタミン酸生産菌……58
グレーンウイスキー……50
クレブス回路……28
クロコウジカビ……63
グロムス菌門……17
燻煙……42

## け

継代培養法……3
結核……6
　──菌……92
ゲノム……12
原因食品
　……98, 99, 100, 101, 102, 103
限界希釈法……3
原核生物……9
嫌気性……11
検査保存食……124
減数分裂……35
顕性感染……80
原生生物界……15
顕微鏡……2

## こ

- こいくちしょうゆ……………53
- 高エネルギーリン酸結合……26
- 高温細菌………………………30
- 高温殺菌………………………113
- 光学顕微鏡……………………142
- 光学分割法……………………61
- 好気性…………………………11
- ――菌………………………30
- 抗菌……………………………110
- ――剤………………………116
- 口腔……………………………73
- コウジカビ属…………………19
- 後生細菌………………………13
- 合成酢…………………………57
- 酵素……………………………65
- 高層培地………………………138
- 高度好塩菌……………………33
- 酵母…………………14, 17, 21
- 甲類焼酎………………………50
- コールドチェーン……………44
- 古細菌……………………13, 31
- コッホの条件…………………4
- コッホの法則…………………4
- 固定化菌体……………………60
- コドン…………………………129
- コレラ菌………………………92
- 混合醸造方式…………………53
- 混合方式………………………53
- 混成酒…………………………46

## さ

- サイクロスポーラ……………105
- 再興感染症……………………80
- さいしこみしょうゆ…………53
- サイレント変異………………133
- サカゲツボカビ門……………16
- 酢酸菌…………………………62
- 殺菌……………………42, 110
- ――剤………………………116
- ――方法
  …98, 99, 100, 101, 102, 103, 104
- サルコシスティス……………108
- サルファ剤……………………6
- サルモネラ属菌………………99
- 酸化的リン酸化………………28
- 3段仕込………………………47

## し

- 次亜塩素酸ナトリウム溶液…123
- シアノバクテリア…………8, 10
- ジアルジア……………………105
- 塩納豆…………………………54
- 糸状菌類………………………14
- 子嚢菌酵母……………………18
- 子嚢菌門………………………17
- 子嚢地衣類……………………22
- 子嚢胞子………………………17
- 指標生物………………………23
- 斜面培地………………………138
- 出席停止期間…………………86
- 酒母……………………………47
- 準清潔作業区域………………124
- 消化管…………………………73
- 常在細菌叢……………………70
- 醸造酒…………………………46
- 醸造酢…………………………57
- 醸造なめみそ…………………53
- 上面発酵ビール………………48
- 蒸留酒…………………………46
- 初期腐敗………………………36
- 除菌……………………42, 110
- 食酢……………………………62
- しろしょうゆ…………………53
- 真核生物……………………9, 14
- 真菌類………………14, 16, 17, 19
- 新興感染症……………………80
- 侵襲性髄膜炎感染症…………85
- 真正細菌………………………9
- 人畜共通感染症………………87

## す

- 垂直感染………………………88
- 水分活性………………………39
- ――値………………………32
- 水平感染………………………88
- 髄膜炎菌性髄膜炎……………85
- ストラミニピラ界……………16
- ストラメノパイル界…………16
- ストレプトマイシン…………6
- スパイク………………………23
- スプライシング………………129

## せ

- 生活環…………………………35
- 生活史…………………………35
- 性感染症………………………95
- 静菌……………………………110
- 清潔作業区域…………………124
- 性フェロモン…………………20
- 成分ワクチン…………………89
- 生理食塩水……………………137
- 赤痢アメーバ…………………106
- 赤痢菌…………………………92
- 世代時間………………………34
- 接眼ミクロメーター…………144
- 接合菌門………………………16
- 接合胞子………………………16
- セレウス菌……………………101
- 旋尾線虫………………………106
- 潜伏期間…98, 99, 100, 101, 102, 103
- 旋毛虫…………………………108

## そ

- 総合衛生管理製造過程………118
- 速醸系酒母……………………47
- ソフトヨーグルト……………55

## た

- 体臭……………………………72
- 対数増殖期……………………34
- 耐熱性…………………………111
- 大複殖門条虫…………………107
- 対物ミクロメーター…………144
- 大量調理施設衛生管理マニュアル
  ……………………………122
- 多核のアメーバ体……………15
- タカジアスターゼ……………65
- 多細胞生物……………………2
- 脱出部位………………………130
- たまりしょうゆ………………53
- 単核菌糸（体）………………20
- 単行複発酵酒…………………48
- 単細胞生物……………………2
- 短鎖揮発性脂肪酸……………75
- 担子菌酵母……………………21
- 担子菌門………………………19
- 担子地衣類……………………22
- 担子胞子……………………19, 21
- 単発酵酒……………………46, 49

## ち

- 地衣類…………………………22
- 中温細菌………………………30
- 中度好塩菌……………………33

腸管……………………………70
腸管出血性大腸菌……………97
　──感染症……………………92
超高熱菌………………………30
腸チフス菌……………………93
腸内細菌叢……………………73
腸内フローラ…………………73

**つ**

通性嫌気性菌…………………30
ツボカビ門……………………16

**て**

低温細菌………………………30
低温殺菌……………………112
低温流通体系…………………44
定期の予防接種………………90
停止コドン…………………131
低度好塩菌……………………33
呈味性ヌクレオチド…………68
デオキシニバレノール……104
デソキシコレート培地……149
テレオモルフ…………………21
添加物…………………………43
電子顕微鏡…………………142
転写…………………………128
伝染病予防法…………………82
テンペ…………………………54
伝令 RNA …………………128

**と**

凍結……………………………42
トーマ血球計………………144
トキソイド……………………89
突然変異株…………………133
ドメイン…………………………9
トランスクリプション……128
トランスレーション………131
トランスロケーション……130
トリメチルアミン……………38
トレハロース生成酵素………67

**な**

ナチュラルチーズ……………55
生ワクチン……………………89

**に**

ニキビ…………………………72
二型性…………………………21

二形性…………………………21
二倍体…………………………35
日本脳炎………………………94
乳酸……………………………62
乳酸発酵……………………27, 63
2 類感染症……………………91

**ぬ**

ヌクレオカプシド……………23

**ね**

粘菌門…………………………15

**の**

ノロウイルス………………103
　──汚染…………………123

**は**

ハードヨーグルト……………55
肺吸虫………………………108
白色腐朽菌……………………19
バクテリア……………………12
バクテリオシン……………118
バクテリオファージ…………24
破傷風菌………………………94
パツリン……………………104
ばら麹…………………………47
パラチフス菌…………………93
パン酵母………………………19
半凍結…………………………41
半保存的複製………………127

**ひ**

ビール酵母……………………19
非加熱殺菌…………………114
非好塩菌………………………33
微好気性菌……………………30
皮膚……………………………70
飛沫核感染……………………88
飛沫感染………………………88
肥満……………………………76
百日咳菌………………………95
ビリオン………………………24
ピリミジン…………………126

**ふ**

ファージ………………………24
ファイトプラズマ……………13
風しん…………………………94

不活性化ワクチン……………89
不完全菌類……………………21
不完全酵母……………………21
不完全地衣類…………………22
複核菌糸………………………20
　──体…………………………18
複発酵酒………………………46
不顕性感染……………………80
普通みそ………………………51
腐敗……………………………37
　──アミン……………………38
プライマー…………………127
プラスミド…………………133
プリオン……………………134
プリン………………………126
フレーバーヨーグルト………56
プレーンヨーグルト…………55
プレバイオティクス…………78
プロセスチーズ………………55
プロテアーゼ…………………66
プロバイオティクス…………78
プロントジル……………………6
吻合……………………………20
分生子………………18, 21, 22
　──柄…………………………35

**へ**

並行複発酵酒…………………47
平板培地……………………138
平板培養法………………………3
$\beta$ 構造……………………132
ヘテロタリック…………18, 21
ペニシリン………………………6
ペプチジル部位……………129
ペプチドグリカン層…………10
ペプチド転移………………130
ベロ毒素………………………97
　──産生大腸菌………………98
変異株………………………133
変形菌門………………………15
変形体…………………………15
偏性嫌気性菌…………………30
ペントースリン酸経路………26

**ほ**

胞子嚢内………………………35
胞子嚢胞子……………………17
ボツリヌス菌………………101
ホモタリック……………18, 21

ポリオウイルス……………………91
本醸造方式……………………53
本直し……………………51
本みりん……………………51
翻訳………………………129, 131

**ま**

マイコトキシン………………104
マイコプラズマ………………13
麻しん……………………94
マラリア原虫…………………93
マンソン孤虫…………………108

**み**

ミュータント…………………133

**む**

無性世代……………………21
無性胞子……………………35

**め**

滅菌…………………42, 110
メッセンジャー RNA …………128
メンブランフィルター…………115

**も**

毛包管………………………71
餅麹…………………………47
酛……………………………47
モルトウイスキー……………50

**ゆ**

有機酸………………………61
有鉤嚢虫……………………108
有性世代……………………19, 21

**よ**

溶血性尿毒症症候群……97, 98
横川吸虫……………………107

**ら**

ラギング鎖……………………127
ラビリンチュラ菌門……………16
ラビリンツラ菌門………………16
卵菌門………………………16
藍藻…………………………8
ランダムコイル………………132

**り**

リーディング鎖………………127
リケッチア……………………12
リステリア・モノサイトゲネス
　……………………………102
リゾチーム……………………5

**る**

ルプリン………………………48

**れ**

冷蔵…………………………41
裂頭条虫……………………107

レンネット……………………66

**わ**

ワクチン……………………89

**欧文**

ATP …………………………26
A 型肝炎ウイルス ……………93
A 部位 ………………………130
B 形 DNA ……………………127
DNA …………………………126
DNA の複製 …………………126
DNA ポリメラーゼ ……………127
D 値 …………………111, 112
EMP 経路 ……………………26
E 部位 ………………………130
F 値 …………………111, 112
HACCP ………………………118
HEPA …………………………116
L 型菌 ………………………25
mRNA ………………………128
pH ……………………………40
P 部位 ………………………129
$Q_{10}$ ……………………………40
RNA …………………………126
SSOP …………………………120
SVFA …………………………75
TCA 回路 ……………………28
tRNA …………………………129
Z 形 DNA ……………………127
Z 値 …………………………111

## 基礎・応用・臨床微生物学と実験

2014年3月30日　初　版第1刷発行
2016年8月30日　訂正第2刷発行
2018年9月10日　　　　第3刷発行

編著者──谷口亜樹子・岩田　建

発行者──中川　誠一

発行所──株式会社 光生館
　　　　〒112-0012　東京都文京区大塚 3-11-2
　　　　　　　　　　音羽ビル7階
　　　　　　TEL 03-3943-3335　FAX 03-3943-3494
　　　　　　http://www.koseikan.co.jp/
　　　　　　振替　00140-4-130621

装　丁──中野多恵子
印　刷──株式会社 ダイトー
製　本

検印省略

Ⓒ Akiko Taniguchi, Ken Iwata, 2014.　　Printed in Japan

・本書の複製権・翻訳権・上映権・譲渡権・公衆送信権
（送信可能化権を含む）は光生館が保有します。
・**JCOPY**〈(社)出版者著作権管理機構 委託出版物〉
本書の無断複写は著作権法上での例外を除き禁じられています。複写される場合は、そのつど事前に、(社)出版者著作権管理機構（電話 03-3513-6969）の許諾を得てください。

ISBN978-4-332-04056-9

＊乱丁・落丁本はお取り替えいたします。

# 好評図書

井上修二　監修／上原誉志夫・岡純・田中弥生　編著
## 最新 臨床栄養学 第3版☆
―新ガイドライン対応―
B5判　並製　本体 3,400 円

古畑公・松村康弘・鈴木三枝　編著
## 公衆栄養学 第6版☆
B5判　並製　本体 3,000 円

藤原葉子・石川朋子・赤松利恵・須藤紀子・森光康次郎・香西みどり・佐藤瑶子　共著
## エビデンスで差がつく食育☆
B5判　並製　本体 2,400 円

藤原葉子　編著
## 食物学概論 第2版☆
A5判　並製　本体 1,800 円

谷口亜樹子　編著
## 食べ物と健康 食品学総論☆
[演習問題付]
B5判　並製　本体 2,000 円

谷口亜樹子　編著
## 食べ物と健康 食品学各論・食品加工学☆
[演習問題付]
B5判　並製　本体 2,200 円

香西みどり・綾部園子　編著
## 流れと要点がわかる 調理学実習☆
―豊富な献立と説明― 第2版
B5判　並製　本体 2,800 円

川野因・田中茂穂・目加田優子　編著
## スポーツを楽しむための栄養・食事計画
―理論と実践―
B5判　並製　本体 2,500 円

谷口亜樹子　編著
## 食品加工学と実習・実験 第2版
B5判　並製　本体 2,100 円

西島基弘　監修／日本食品添加物協会　編
よくわかる 第4版
## 暮らしのなかの食品添加物
B5判　並製　本体 3,000 円

岡﨑光子　著
## 健康的な子どもを育むために
―食育の理論とその展開―
本体 2,200 円

彦坂令子　編著
## 給食経営管理実習
B5判　並製　本体 2,300 円

寺尾純二・山西倫太郎・髙村仁知　共著
## 三訂 食品機能学
B5判　並製　本体 2,000 円

鈴木和春　編著
## ライフステージ栄養学
B5判　並製　本体 2,600 円

堀江祥允・江上いすず・堀江和代　編著
## ライフステージ栄養学実習書
B5判　並製　本体 1,800 円

岡﨑光子　編著
## 栄養教育論
B5判　並製　本体 2,400 円

岡﨑光子　編著
## 栄養教育実習・演習
B5判　並製　本体 2,000 円

岡﨑光子　編著
## 食生活論
B5判　並製　本体 2,000 円

岡﨑光子　編著
## 改訂 子どもの食と栄養
B5判　並製　本体 2,400 円

下村道子・和田淑子　編著
## 新調理学
B5判　並製　本体 2,400 円

八倉巻和子　編著
## 五訂 栄養教育・指導
―実習・実験―
B5判　並製　本体 2,400 円

笹田陽子　編著
## 給食経営管理論
B5判　並製　本体 2,200 円

中川秀昭・城戸照彦・由田克士　編著
## 公衆衛生学
B5判　並製　本体 2,400 円

谷口亜樹子・岩田建　編著
## 基礎・応用・臨床微生物学と実験
B5判　並製　本体 1,900 円

吉田真史・谷口亜樹子　編著
## 基礎化学と生命化学
B5判　並製　本体 1,900 円

宮城重二　著
三訂 保健・栄養系学生のための
## 健康管理概論
B5判　並製　本体 2,400 円

菅家祐輔・白尾美佳　編著
## 食べ物と健康―食品衛生学
B5判　並製　本体 2,500 円

白尾美佳・中村好志　編著
## 食品衛生学実験
B5判　並製　本体 2,400 円

石田均・板倉弘重・志村二三夫・田中清　編著
## 改訂 臨床医科学入門
B5判　並製　本体 3,500 円

細川優・鈴木和春　編著
## 基礎栄養学
B5判　並製　本体 2,500 円

大石祐一・服部一夫　編著
## 食べ物と健康―食品学
B5判　並製　本体 2,600 円

香西みどり　著
## 調理がわかる物理・化学の基礎知識
―調理科学の理解を深める―
A5判　並製　本体 1,900 円

香西みどり　著
## 水と調理のいろいろ
―調理で水の特性を感じる―
A5判　並製　本体 1,900 円

香西みどり　著
## 加熱調理のシミュレーション
―野菜内部の変化を視覚でとらえる―
A5判　並製　本体 1,900 円

☆印は新刊　　　　　　　　　　　　　　　　　　　　　　　　　　　　　価格は税別